中国传统园林借景理论评析

许晓明　著

中国建筑工业出版社

图书在版编目（CIP）数据

中国传统园林借景及借景设计探析 / 许晓明著 . —
北京 : 中国建筑工业出版社，2023.8
ISBN 978-7-112-28898-4

Ⅰ . ①中… Ⅱ . ①许… Ⅲ . ①古典园林—园林设计—
研究—中国 Ⅳ . ① TU986.62

中国国家版本馆 CIP 数据核字 (2023) 第 123213 号

责任编辑：张　明
责任校对：王　烨

中国传统园林借景及借景设计探析
许晓明　著
*
中国建筑工业出版社 出版、发行（北京海淀三里河路9号）
各地新华书店、建筑书店经销
北京光大印艺文化发展有限公司制版
北京中科印刷有限公司印刷
*
开本：787毫米×1092毫米　1/16　印张：9$\frac{1}{4}$　字数：115千字
2023年8月第一版　　2023年8月第一次印刷
定价：**42.00**元
ISBN 978-7-112-28898-4
（40991）

序

　　在漫长的历史长河中，中国园林历经了虽然缓慢但坚韧不拔的发展，形成了在世界上独具特色的传统园林风格。它在本土地理环境与文化土壤的培育下，凝聚了古代人居环境营造的诸多智慧，成为中国传统艺术的瑰宝之一。不断地从传统园林中汲取营养，无疑是中国特色的风景园林专业发展的必经之路。

　　西方传统园林的现代化早已完成，形成了当代系统化的风景园林专业，而中国传统园林的当代化之路却任重道远。究其原因，西方经济、社会、文化、科技发展的先发优势，促进了西方风景园林专业早于中国趋向成熟，而中国经历了长期的半殖民地半封建社会，导致传统园林与现代社会之间存在一定的断层，同时，公众和专业人员对中国传统园林的关注和认知度不够，对传统园林的现代化研究也显不足。在高举中国特色社会主义伟大旗帜、全面建设社会主义现代化国家的背景下，继承与发展中国传统园林，推动我国当代风景园林的不断发展，成为我辈之不可推脱的责任和使命。

　　许晓明在攻读博士期间，对传统园林产生了浓厚的兴趣，我鼓励他围绕传统园林的核心理论和理法展开研究，于是他选择在中国传统园林的借景方面做了大量的研究工作。本书是在其博士论文的基础上完善而成的，其中一些观点和内容对理解传统园林的借景手法及设计要点具有一定的启发性。希望本书的出版能为风景园林专业的从业者和爱好者认知传统园林提供帮助。

朱建宁

北京林业大学教授

住房和城乡建设部风景园林专家组成员

2023 年 3 月

前言

　　中国传统园林极为精妙，是人居环境的典范之一，我们应该更加关注中国传统园林，使其在新的历史时期焕发出新的活力。"借景"是中国传统园林核心理法之一，深刻地影响着中国传统园林的选址、布局及细部设计等诸多方面。借景理论也是了解我国传统园林的一把钥匙、一扇窗户，充分地理解园林借景，有利于我们准确、深刻地认知中国传统园林。在借景研究方面，前人已积累了大量的研究成果，我们应该持续地开展研究，继承和丰富园林借景理论。

　　本书从传统园林的景象系统构建角度出发，将"借景"与"造景"对照起来，对传统园林中借景和借景设计进行思考，以期对借景的一些基本问题进行探析，供大家参考。本书前两章主要分析阐释了一些基本概念和相关理论，第3章至第4章主要探究了借景的类型、特性、传统园林的外围环境及"实借"景象等基本问题。第5章至第8章主要探析了借景设计的目标、内容、对象、原则、一般过程以及设计要点等内容。最后进行了一定的总结。

　　传统园林研究仍有大量工作要做，其中借景研究也还有很多问题需要深入的分析，应该有更多的人参与进来。希望书中的内容，能为园林从业者开展传统园林研究提供一定的参考，能为各位园林爱好者了解中国传统园林提供一些资料。由于研究试图从新的视角对园林借景进行探究，部分内容仍需进行广泛的探讨和补充研究，有些内容难免存在一些不足之处，恳请各位同仁及广大读者批评指导。

目录

第 1 章

园林艺术的表达与景象系统

将"借景"置于园林的基本"情—景"结构中，回归园林艺术表达的"精神内容与物质表现形式"的转化关系，探析借景的概念、分类、设计方法等内容，能够深化对园林借景的认知。

1.1 园林艺术的表达体系

与大多数艺术类型相同，园林艺术也试图借助自身独特的艺术语言传递一定的情感或思想内容，希望欣赏者在游赏园林作品的过程中能够或多或少体验到设计者想要表达的情感和思想。这种主旨情思是艺术作品中的主观内容，是通过各类客观的艺术语言来外化表达的，不同的艺术类型采用不同的艺术语言，如绘画借助线条和色彩，音乐借助声音，舞蹈借助的是肢体动作，而园林艺术核心的艺术语汇是山水、树石和建（构）筑物等。园林通过这些语汇营造优美、真实的景观环境。对这些景观的游赏体验，会触发欣赏者带有一定指向性的内心情感和思想，"景"是"情"的物质形式，"情"是"景"的精神内容[1]。

艺术作品所要表达的主旨情思如何转化为艺术语言呢？通常主观的情感和思想无法直接、充分地转译为具体的艺术语汇，这是因为思想和情感是主观的、内在的、特殊的，而各种艺术语言是客观的、外在的、一般的。"一般难于表现特殊"[2]，如文字"石头"不带有任何情感属性，仅是一个抽象的符号，因此文学家在创作时，其内心极为丰富强烈的情感无法直接、充分地转化为具体的文字符号。这种审美创作过程中的转化矛盾在中外文艺理论中被大量讨论，中国传统文艺理论中"言意"转化的矛盾就是探讨这个问题。前人经过长期的理论探讨和发展，最终明确了"言—象—意"的艺术表达体系，发现了"象"作为艺术表达的中介。"意"指作品所要表达的作者内心的主观内容，即主旨情感或思想；"言"是各种门类艺术表达时所借助的物质媒介，即各种艺术语言；"象"是审美创作和欣赏过程中的审美"意象"。

各种艺术门类通常都是在创作激情的驱动下，构思饱含主旨情感或思想的审美意象，然后将这个饱含情思的形象用艺术语言外化、表达出来。如朱自清的代表作《背影》，其中"父爱"是文"意"，但是文章并没有用文字直接分析、阐释父爱的深厚、绵长和沉寂，而是向读者展现了一个车站送行时攀爬月台为儿子买橘子的父亲的"背影"，通过这个审美意象深刻地表达了父爱，而这个形象的外在物质表现手段是全文的一千多文字。父爱是"意"，背影是"象"，文字是"言"，通过意象来表达文意，通过文字语言来展现意象，这就是"意"经"象"的中介，最终物化为外在艺术语言的表达过程。各种艺术门类都是借助"象"来解决"意"与"言"之间转化的问题，这里的"象"不是具体的、外在的各种"物象"，而是指"意象"[3]。

"意象"作为美学概念东西方皆有，西方最早由康德提出（Asthetische Idee），朱光潜"依它在希腊文中的本意译为'意象'"[4]，东方的"意象"脱胎于先秦的"象"，从词源上"最初由东汉王充提出"[5]，但作为艺术审美范畴的概念，"第一次铸成这个词的则是魏晋南北朝的刘勰"[6]。他在《文心雕龙·神思》中提出"独照之匠，窥意象而运斤。此盖驭文之首术，谋篇之大端"。近代以来也有很多学者对意象进行了阐释，如张家骥将其解释为"外界境物的形象与主体的情感相互交融，所形成的充满主体情感的形象"[1]。从审美心理学角度分析，"意象"

的创立经过了较为复杂的心理过程,如受外界的某种刺激,产生了认知、联想、想象等心理活动,调动了记忆和情感等多种心理要素,产生的心理表象和情感相互激发而跃升,心象的发展不断地唤起内心相应的情感,而不断涌出的情感又支撑和激发联想与想象等心理活动,从而不断地生发出更为丰富、更加动情的心理景象,最终"情"和"景"共鸣,"意"和"象"相互交融,生发出"意象具足"的审美意象。正是意象融合了形象与情思的特性,因此能够在"言"与"意"之间架起沟通的桥梁,承担起中介的作用[3]。"意象"虽然包含"意"(情思)与"象"(形象)两部分,但二者在审美中不是孤立的,而是高度融合、交织统一在一起的,是不可分离解析的"混整"。

随着意象概念的发展,受佛教"境"和"境界"概念的影响,又出现了"意境"的概念。历代学者对意境和意象的异同有不同的观点,"迄今还没有形成明确而一致的意见"[7],很多学者认为二者本质上是相同的,也有学者认为二者有所区别(如意境是意象群,意境更强调象外虚境、更强调空间性等)。蒲震元在《中国艺术意境论》中将意境定义为"特定的艺术形象和它所表现的艺术情趣、艺术气氛以及它们可能触发的丰富的艺术想象与幻想的总和"[8],从艺术表达的"言—象—意"体系分析,可以认为意境与意象的作用是类同的,因为"'意象'与'意境'的基本内涵是一致的"[1],都是情思与形象的结合,都具有"情景交融、意象贯通"的根本特性,在审美心理过程中属同一个层级[3]。本书在分析论述时将二者等同对待,表述时采用"意象"。

审美意象作为言意之间的中介,不仅存在于艺术创作环节,而且也作用于艺术的欣赏环节。列夫·托尔斯泰曾将艺术活动描述为"在自己心里唤起曾经一度体验过的感情,在唤起这种感情之后,用动作、线条、色彩、声音，以及词句所表达的形象来传达出这种感情，使别人也同样体验到同样的感情——这就是艺术活动"[9]。由此可见，艺术本质上是以审美意象为中介，以艺术作品为物质载体，创作者与欣赏者之间传递艺术作品所要表达的主旨情思的活动（图1-1）。创作者完成艺术作品后，欣赏者受到艺术作品的刺激，通过审美认知、联想、理解等复杂的心理过程，在内心产生一定的景象，唤起相应的情感，这些情感与景象相互交融，内心生发出一定的审美意象，这时欣赏者进入较高的审美状态，或多或少感受到创作者希望通过艺术作品表达、传递的主旨情思。当然，需要说明的是，不论在艺术创作环节，还是在艺术欣赏环节，审美意象的表达和生成经历了复杂的心理过程，揉入了主体个人的记忆表象、情感等内容，在表达和传递过程中会发生一定程度变化，这里不做深入的分析阐释。

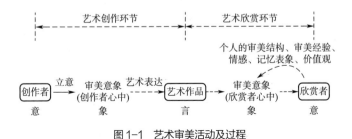

图1-1　艺术审美活动及过程

通过以上简要的梳理分析，可知园林作品的主旨情感和思想经审美意象的中介作用，外化为园林的具体景象，经过欣赏者的认知等审美心理活动，再生发出意象，唤起相应的情感，从而使欣赏者体验并理解作品所要传递的情思，整体上经历了"情思（创作者）——意象（心象）——景象——意象（心象）——情思（欣赏者）"的过程。这个过程中情感与各种形象相互激发融合。这些形象是怎么产生的？园林系统中包括哪些景象？回归这些园林艺术表达的基本问题,能使我们更加深入和清晰地理解园林借景。

1.2　园林艺术的景象系统

　　触"景"生"情",园林中包含的景象是园林艺术之"言",是表达和传递作品主旨情感和思想的外在形式和手段。然而园林"情—景"结构中"景"不仅是视觉上看到的景物,而且包含了其他感觉景象和一些符号外化的心理景象。这些都是园林审美的对象,都承载了园林之"意",都是情感产生的外在刺激物。这些景象组成了传统园林的景象系统。

　　"景"字的涵义在《康熙字典》的记载中有"光也、境也、大也"等,清代段玉裁在《说文解字注》中将"景"进一步解释为"光者,明也。光如镜故谓之景"。《辞海》中将"景"解释为"景色、现象"等意。"象"字在《康熙字典》解释为"南越大兽、形也、光耀也"等。因此"景象"既包括视觉上可见的景物和现象,也包括"声音形象""气味形象"等,如雨声、风声、鸟鸣、玉兰花香等。这些景象在被观赏者感觉和知觉感知后,就会在观赏者心中形成听觉象和嗅觉象。在心理学中听觉象、嗅觉象与视觉象统称为知觉象。当以前被感知过的事物形象,在记忆中留下痕迹,就会成为一种心理记忆表象,如记忆里"山"的形象、"雨"声的形象等,这些形象可以通过一定的方式外化(符号化)到园林中,参与园林审美过程中审美意象的生成,从而成为园林景象的组成部分。上述各类"景象"都是园林景象的重要内容,园林景象不仅包括视觉中的景物,而且包括其他感觉景象和外化的心理景象等。其中视觉景象和听觉等各类知觉景象在以往的研究中阐述较多,笔者接下来主要对符号化的园林景象及其参与园林审美的过程进行简要的分析阐释。

审美作为人的心理活动，是由一定的外界"刺激"引发的。其引发一定的神经冲动，表现为我们的心理活动。俄国生理心理学家巴甫洛夫将人从外界环境中接受的刺激分为两大类：具体事物的刺激和言语的刺激，如真实的"梅花"属"具体事物的刺激"，而听到或看到"梅花"这个"词语"属"言语的刺激"。这两类刺激引发不同的神经活动历程，分别被称为"第一信号系统"和"第二信号系统"[10]。中国传统园林更加综合地运用了这两类外界刺激物，如园林中大量的题咏即属于"言语的刺激"。

结合审美心理学相关理论进行分析，园林的审美包括了"认知"和"情感"等心理活动，大致经历了准备、初始和高潮三个阶段。其中准备阶段是"即将进入审美状态的预备阶段"[11]，基于审美需要，或受到一定外界事物的刺激，人的心理"注意"由"日常事物"转向了"审美对象"，开始了审美的"认知"过程。在"初始阶段"先通过视觉、听觉等多种"感觉"通道，获得如颜色、声音等孤立的景物信息，再通过"知觉"的心理过程对孤立的景象信息进行"选择"和"拼合"，形成景象的整体形象。感觉过程和知觉过程分别引发"机体情感"与"知觉情感"。借助联想、想象等形象思维产生更为丰富的审美表象，引发更加丰富的情感，同时在理性思维的基础上产生了审美判断、理解等，这个过程中审美表象、情感和理性判断、理解等因素相互激发、交融，再经多次反复，生发出更为丰富的多重意象，激发出更为强烈的情感和思想，情和景共鸣，意和象完全交融，联类不穷，进入"意象（意境）"的审美状态，达到"审美激情"的情绪状态，是园林审美的最高层次。这里需要额外说明的是，无论在审美感知阶段，还是在形象思维和逻辑思维阶段，"记忆"都发挥了重要作用并深度参与其中。

以上是园林审美大致的心理过程，从中可知园林审美是围绕各种"景象、形象"展开的心理过程，这些"心中之象"经历了一个起源、发展、演化的过程。关于心象的产生、发展以及表达的演化，郑板桥有段著名的论述："江馆清秋，晨起看竹，烟光日影露气，皆浮动于疏枝密叶之间。胸中勃勃遂有画意。其实胸中之竹，并不是眼中之竹也。因而磨墨展纸，落笔倏作变相，手中之竹又不是胸中之竹也"。正如郑板桥的表述，审美"意象"中含有多种"形象"成分，并不完全是现实景象的机械反映，而是经过了加工改造，融入记忆景象、想象景象，也正是这些心理景象的唤起、掺融才使审美发展至高级阶段，唤起了更为丰富的情感。

　　中国传统园林审美中这些"心象"的外在客观"来源"有两类：一部分源于现实景物，通过感知形成的"知觉映象"，如园中真实的"鸟语花香"在心中的映象；另一部分源于"题咏"等景象符号，如很多题咏为"描写景象的语词"，这些题咏不是对园中现实景象的描述，而是"引入"了新的关联景象，其效应不是"点景"而是"添景"，这些"语词"能够直接唤起记忆中相应的景象（记忆表象）参与审美，成为"心象"发展的源点之一。如网师园彩霞池东南有一溪涧，涧旁立有"待潮"的题刻，当看到"潮"字就能在心中唤起"潮"的景象，并与彩霞池及溪涧等真实园景建立起联系。其实这类"题咏"是将一部分"虚景"通过"语词"的形式固化为园林景象，"语词"是"虚景"的外在符号，通过唤起审美个体"记忆表象"参与园林审美。认知心理学中已有大量实验证明"表象与知觉的机能等价"[12]（Neisser,1972），将表象看成类似于知觉象的人脑中的图画（Kosslyn,1980)。因此在园林审美中，"题咏"唤起的相应"记忆表象"可以发挥与"现实景象"类同的审美作用，它们都是园林审美"心象"的来源（图1-2）。这些通过符号固化于园林中的景象可称为"符号化的景象"，是中国传统园林景象系统的重要组成部分。

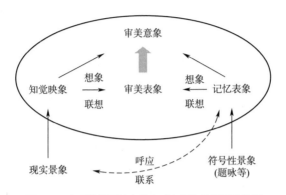

图1-2 中国传统园林审美中"心象"的起源及发展

通过以上分析可知园林之景包罗万象，极为丰富，如根据景象自身的感知属性对其进行分类，可分为"实景"和"虚景"两大类。视觉是人最主要的信息通道，园林又是一门真实、优美的空间环境艺术，因此视觉上真实可见的景象可称为园林的"实景"，如天上之明月、窗外之蕉叶。园林中除了视觉上直接看到的景象外，还存在着一些非现实视觉中直接看到的景象。这些景象与视觉景象同样承载着园林的情思，在意境生发过程中发挥着重要的作用，同样是园林审美的对象，可以称为园林的"虚景"。传统园林中虚景包括视觉外其他感觉景象，如"鸟语花香"中的声景和味景等，还包括外化、符号化的景象，在园林审美中这些景象能够在心中被唤起而作为园林审美对象。

传统园林中的景象系统并非景象个体的堆砌，而是一个完整的系统，"实景"真实丰满，"虚景"空虚妙灵，二者相互补充，相互生发，组成完整统一的园林景象系统，统一于同一个时空，共同营造园林的意境。景象个体之间的协同组织是园林设计的重点，也是能否产生美和生发意境的关键。

1.3　两种景象构建方式

景象系统是承载园林情思的艺术之言，那么园林的景象是怎样构建的呢？景象构建的方式有哪些呢？这些是传统园林理景中极为重要的问题。

"造"是园林景象构建的方式之一，指建园活动中耗费建园材料和人力直接在园内建造或改造出一定现实景象的得景方式，其得到"景象"是通过造园活动建造或改造而来，如园内的假山、池沼、花木、建筑等都是直接耗费造园的人力物力，通过堆叠、开挖、种植、建造等方式而得到。园林景象建构中，"造"的范围通常仅限于园内，但园内的景物不全是"造"之景，如纷纷白雪、淅淅小雨、花丛中翻飞的蝴蝶、屋檐下筑巢的燕子等都是园内的景物，但这些却是自然、原本存在的景象或景物，其存在和形成与建园活动无关，不是建园活动中耗费建园材料直接建造出的真实景象，因此这些景象不是"造"之景。那么这些景象作为园林景象系统的重要组成部分，是怎样构建的呢？

园林构建景象的另外一种方式即通过"借"的方式得景，指"借"纳现有原本存在的自然或人工景象组成园林景象的得景方式，"借"之景其自身的形成与建园活动无关，不是耗费建园的人力物力直接建造真实的景象，而是在之前就已经存在或本身自然的存在，仅仅是借来组成园景，如《园冶·借景》中记述的"风鸦几树夕阳，寒雁数声残月"，其中乌鸦、夕阳、大雁、残月等都是"借"之景。"借"是传统园林景象构建中极为重要的方式。此外，传统园林也将一定的心理景象外化到园林中，这些心理景象由于并非真实地建造于园内，而是通过一定的符号外化（借）于园林中（详见第 8 章），因此也属于运用"借"的方式纳于园林景象系统内。

前文论述了园林景象系统组成中"实景"和"虚景"两类景象，而"借"和"造"两种构景方式均可实现。正如于园内堆山构亭是"造"一种"实景"，而无锡寄畅园的"八音涧"建一条泉水叮咚的小溪，从而"造"了一种"虚景"（声景）。"借"景同样可以构建园林虚、实景象，如"借"园外青山绿水入园，组成了园林"实景"，也可"借"临寺钟声，组成园林"虚景"。因此，如果从构建方式来看，园林景象又可分为"借"之景象和"造"之景象两类，"借景"和"造景"是园林景象构建的两种方式，也是仅有的两种方式，二者对立统一，相互协调、互相补充，对立于得景方式不同，统一于同一个园林景象系统。

第 2 章

园林借景的概念及类型

园林中借景概念较为复杂，其出现较早并经历了漫长的发展过程，前人从不同角度对借景概念进行了不同层次的阐释和定义，不少借景概念演进的背后是对借景和园林理法的深刻思考和发展创新，但有些定义也存在着不够准确、相互冲突的问题，因此需对借景概念进行梳理，以利于研究的进一步深入发展。借景概念的明确是借景相关概念和借景研究的基础。

2.1 园林借景概念的起源及演变

"借景"作为一种朴素的景象处理方式，在历史上的传统园林实践中有大量的应用，如隋文帝杨坚所建的离宫园林"仁寿宫"采用了借景手法，"其楼台殿阁将周围的山景组织到宫苑中的风景视线中来"[13]。又如北宋文学家李格非所著《洛阳名园记》记载了当时洛阳地区19处名园，其中明确记载了不少园林对外的借景处理，如当时名园"环溪"，"（凉）榭南有多景楼，以南望，则嵩高少室龙门大谷，层峰翠巘，毕效奇于前榭，北有风站台，以北望，则隋唐宫阙，楼殿千门万户，岩峣璀璨，延亘十余里"[14]，可见"环溪"不仅向南可借景园外名山大川，向北亦可借景绵延的宫殿楼阁。又如"丛春园"内"丛春亭"可北望洛水，"水北胡氏园"有台可"四望百余里"，司马光的"独乐园"设"见山台"借景园外山峰等。可见，历史上园林借景实践出现极早，且应用广泛。

"借景"一词出现也较早，在目前考证出的大量历史文献中针对园林"借景"的论述，笔者认为较有参考价值的有以下三处：

　　计成在《园冶》中第一次系统地阐释了借景理论。在开篇"兴造论"一章中对"借"进行了解释："借者，园虽别内外，得景则无拘远近，晴峦耸秀，绀宇凌空，极目所至，俗则屏之，嘉则收之，不分町畽，尽为烟景，斯所谓'巧而得体'者也"。在该书最后将借景作为单独一章详细地进行了论述，例举了大量借景景物，其中不少是听觉上的借景，如"梧叶忽惊秋落，虫草鸣幽""林阴初出莺歌，山曲忽闻樵唱"等。园冶不仅系统地阐释了园林借景，而且将借景提升到园林核心理法的地位。

　　明末为《园冶》题词的郑元勋，在《媚幽阁文娱》孙国光游勺园记跋中论述："园不依山、依水、依林，全以人力胜，未有可成趣者。其妙在借景而不在造景。若登高临深，倚椅、憩荫，无一骋怀，而局于亭前之叠石，台榭之花木，犹鱼游沼中，唼藻荇以为乐尔"[15]。郑元勋系明末诗书画的名家，且是"影园"的主人，对造园的理解很深，其对于借景的论述具有较高的参考价值。

　　明末清初著名造园家李渔（1611 — 1680）在《闲情偶寄》中也提出"取景在借"的观点，"两岸之湖光山色、寺观浮图、云烟竹树，以及往来之樵人牧竖、醉翁游女，连人带马尽入便面（窗）之中，作我天然图画"[16]。当移居白门后，也要"置机窗于楼头，以窥钟山气色"[16]，可见其对借景的喜爱。李渔也认为取（得）景关键在借景，极为强调借景的重要性。

　　近现代对于园林借景的概念也进行了广泛的讨论。童寯先生曾论述"又有所谓借景者，大抵郊野之园能之。山光云树，帆影浮图，皆可入画。或纳入窗牖，或望自亭台"[17]。刘敦桢先生认为："借景"是我国古典园林丰富园景的一种传统手法[18]。陈植先生在《园冶注释》中将"借"解释为"假借、引进、纳入、接纳"，将"借景"

解释为"借景取胜"[19]之意。陈从周先生认为"借景是一个设计上的原则，'景'既云'借'，当然其物不在我而在他，即化他人之物为我物，巧妙地吸收到自己的园中，增加了园林的景色"[20]，并认为借景并不局限于传统园林，城市规划和建筑设计亦与之息息相关，园内对景也与借景等同，陈从周先生将借景扩展到城市规划和建筑设计之中。杨鸿勋教授认为："借景"即"借用的景象"，其原意是将本来不属于本园林的园外景致组织到园林当中[13]。张家骥先生将"借"解释为"非此所有，而取自彼处，即借他处之景为我所观"，并提出"借景论"的观点："是从人与景境之间的整体的动态关系，由实践升华而具有传统园林文化特色的，造园艺术创作的一个重要思想方法的概括"[1]。孟兆祯院士提出古代文字中"借同藉"，凭借什么造景才是借景的本意[21]，孟先生从设计角度出发，对"借景"理论进行了深刻的阐释和发展。《中国大百科全书》"建筑·园林·城市规划卷"中将借景定义为"有意识地把园外的景物'借'到园内视景范围中来，借景是中国园林艺术的传统手法"[22]。

目前对借景的理解主要存在三个方面的差异：一是以"园外"还是以"他属性"作为定义借景的标准；二是"借"理解为"借用"景物，还是"凭借"造景；三是对借景的本质"属性"理解不同，借景是"造园手法""设计原则"，还是"思想方法"。从不同角度、不同层面对借景及借景理法进行深刻探究和思考，对复杂庞大的借景理法体系进行分析总结，加深了我们对借景的理解，从不同方面推动了园林借景概念和借景研究的深入发展。

然而目前的借景概念中也存在着一些误区和不足，如《现代汉语词典》中将"园内各风景点相互衬托"或者有些概念中将"两个景点间的'互借'"等归为园林借景是不准确的。判定借景需先明确"借景"的"主体"，即

"谁"在借景？借景的主体是整个"园林"，而不为个体"景点"，某个景象只能与园林相比较是否为借纳而来，个体景点不具有"独立"的属性，是园林景象系统中的一部分。因此园内景点之间相互可见，是园林造景中常用的视线组织手法。其次，完全以"园外"作为标准判定借景也是不准确的，园内也有借景，正如计成在《园冶·借景》中例举的"卷帘邀燕子，闲剪轻风；梧叶忽惊秋落，虫草鸣幽"等，屋檐下筑巢的燕子、院内草木间虫子的鸣叫，这些景象都位于园内，但并非造园活动中建造的景象，是园林中重要的借景。因此虽然大量的园林借景都是对外的视觉借景，但是单纯以园界内外作为划分借景和借景景物的标准也是不全面的。

借景概念的定义应抓住其本质属性，需遵循"被定义项要恰当归类"[23]等原则。因此从总体上看，借景的概念仍需要进一步探讨其核心内容，其内涵还可在前人定义的基础之上进行更为深入的分析和探究，这些可借助相应的概念定义方法实现。

2.2　"属加种差"的概念定义方法

概念是反映思维对象及其特有属性的思维形态[24]。而根据逻辑学理论，"定义"是明确概念内涵的方法，定义是用简短语句把概念所反映的对象的特有属性高度概括地揭示出来[24]。定义一定要揭示事物的本质属性或特有属性，这种定义又叫实质定义，也被称作科学定义。最常用的定义方法是"属加种差"定义方法，最早是由古希腊哲学家亚里士多德提出，其通过揭示被定义概念邻近的属概念和种差来下定义[24]，可以用公式表达为：

$$被定义的概念 = 种差 + 邻近的属概念$$

"属加种差"定义要求确定被定义概念的种差和邻

近属概念。概念之间有一种关系是"属种关系"，即当一个概念的外延较大，包含另一个概念的全部外延，其中外延较大的一个叫作"属概念"，又叫"上位概念"，而外延较小的叫作"种概念"，又称"下位概念"（图2-1），例如"水生动物"和"鱼"两个概念中，"水生动物"概念外延较大，"鱼"属于"水生动物"，因此"水生动物"就是"属概念"，而"鱼"是"种概念"。

图2-1　概念间的"属种关系"示意图（S为属概念，P为种概念）

　　"邻近属概念"是指包含被定义对象的比较邻近的属概念，如"生物""人"和"女人"三个概念，"生物"和"人"都是"女人"的属概念，但是"生物"相对"人"外延更大，其又包含植物、微生物等，因此"人"是比"生物"更邻近"女人"的"邻近属概念"。

　　同一"属概念"下通常并存两个或多个"种概念"，作为被定义项的"种概念"与处于同一"属概念"下的、同层次的其他"种概念"相比的"特有的属性差异"就叫作"种差"，如同属于"人"这一"属概念"下"男人"和"女人"，男人相比女人特有的"只具有XY染色体"的属性就是"种差"。

　　因此，"属加种差"的定义方法要求首先找出被定义项的"邻近属概念"，即首先将被定义概念进行归类，确定其属于哪一类；紧接着判明被定义项同一"属概念"下与其对应的其他"种概念"，并与之进行比较，找出被定义项特有的属性，即种差；最后选择确切的语词将其合适地表达出来。由此，对借景概念的定义也可分为上述三步：第一步确定借景概念的"邻近属概念"，第二步对比分析出种差，第三步是选择适当词语表达，在整个过程中最为关键的是设法找到借景概念的"邻近属概念"和确定"种差"。

2.3　传统园林借景概念的内涵

根据前文对传统园林"景象"系统的分析可知，借景是园林景象构建的方式之一，"园林景象构建方式"是其临近的"属概念"。在明确借景概念的"邻近属概念"后，需要进一步明确位于同一邻近"属概念"下与借景相对应的其他"种概念"，并进行对比分析才能得出"借景"的特有属性——"种差"。园林景象系统的构建有"借"和"造"两种方式，除去借景的方式，还有"造景"方式，其指"在建园活动中于园内直接建造或改造出一定景象"的园林景象构建方式。因此与借景处于同一"邻近属概念"下相对应的种概念是"造景"，正如郑元勋阐述的那样，"（园）其妙在借景而不在造景"。

明确了与借景相对应的"种概念"，辨别出借景与造景的本质属性差异，就可得出借景概念的"种差"。二者的本质属性差异仍然是景象构建方式上的差异，造景是建园活动中"重新建造或改造"出一定的景象，而借景是直接"收纳"一定的景象（用"借"字解释"借景"，属同语反复，因此笔者参考《园冶》中对"借"的阐释"嘉则收之"中"收"字，采用"收纳"二字）。"造景"所得的景物是耗费建园材料和人力于园内建造或改造而成的新的真实景象，建园之前并不存在，而"借景"所得景物不是建园活动直接建造的，是原本就存在或自然存在的优美的人工或自然景象，此外还包括符号化（虚借）于园林中的一些景象，这些景象自身并非直接耗费建园材料和人力建造而来。因此，总结起来借景与造景的概念之间的种差是"直接收纳原本存在的（非建园活动建造的）优美景象"。

因此，园林中"借景"概念的内涵是：直接收纳原本存在的（非建园活动建造的）优美景象的园林景象构建方式。其构建的景象自身不直接耗费建园材料建造新的真实景象，而是收纳原本就存在或自然存在的优美景象，还包括符号化（虚借）于园林中的一些景象。如借景园外之佛塔、青山、夕阳等，这些景象都不是建园活动重新建造出的景象，与园内的假山、楼阁等景物是完全不同的园林景象构建方式。明确借景的内涵，理清借景与造景的区别及对应关系，对我们从本质上深入地认识借景、开展借景与造景的对比研究，以及理解传统园林景象规划设计理法等都具有重要的理论意义。

第 3 章

园林借景的类型和特性

明确了借景的概念，还需弄清借景的分类，以及借景相比造景在园林景象构建中具有哪些特性，这些都是借景研究的核心问题，需进行一定的梳理和探析。

3.1 园林借景的类型

关于借景的分类，目前研究中存在一定的分歧。《园冶·借景》中总结道"夫借景，林园之最要者也。如远借、临借、仰借、俯借、应时而借"，以往很多研究据此把园林分为远、近、仰、俯和应时而借五类，或分为远借、近借、应时而借三类等，或有学者在研究中依据园界内外将借景分为外借（远借）、内借（临借）和内外复借（远借和临借结合）三种类型等。计成在《园冶》中的论述并非进行严谨的划分，而是为说明前句内容、强调"借景最要"而进行的举例，从"如"一字即可得知。此外计成的论述中没有采用统一的分类标准，如远近仰俯是空间标准，而应时而借是时间标准，又如远借、近借景之中也都各有仰借、俯借的情况，因此，不能依据《园冶》中这段论述来进行借景的分类。

分类要求比较严格，其结果一般具有稳定性和长期性[24]，因此分类必须依据对象的本质属性或显著特征来进行。借景本质上是园林景象构建的方式，因此应该将借景置于园林景象系统中进行分类，前文已总结园林中景象分为"实景"和"虚景"两大类，据此依据借景的"景象类型"的显著特征，可将传统园林借景可分为借纳实景的"实借"和借纳虚景的"虚借"两类。

　　"实借"容易理解，指借纳现实中视觉景象构建园景的借景方式，如拙政园远借北寺塔、颐和园远借西山等。"虚借"则指借纳视觉外其他感觉景象或符号化一定景象，从而构建园景的借景方式。中国传统园林中的景象十分丰富，不仅包括视觉中看到的现实景象，而且包括环境中各种美妙的声响和宜人的气味等，这些形成了园林中的声景和味景等各种虚景，这些非视觉的虚景同样是园林审美的重要对象，是园林景象的重要组成部分。"虚景"可"造"也可"借"，中国传统园林直接收纳了大量美妙的虚景，如钟声、橹声等，这些虚景可以通过"借"的方式纳入园林景象，直接借纳视觉外其他感觉（听觉、味觉等）景象的借景方式是园林虚借的一种方式。此外，中国传统园林在景象构建中还通过一些外化的符号固化（虚借）了许多景象，而在园林审美过程中受这些外界景象符号的刺激能够引发一定的心理景象，这些景象也参与到园林审美中，是园林审美的重要对象，与其他园林景象相互补充，共同生发园林的意象（意境）。中国传统园林最常采用"题咏（文字符号）"的形式符号化心理表象，如苏州网师园内"待潮"题刻（图3-1）。

　　需要强调的是，虚借心理景象不同于审美过程中个人随意地联想和想象景象，虚借是将心理景象通过一定现实的"符号"固化为园林景象，在审美过程中欣赏者受到这些符号的刺激，能够唤起记忆中相应的心理景象（记忆表象），使之成为园林审美的对象，这个过程是唤起心理中记忆景象的过程，带有恒常性和明确性，如"待潮"景点，明确引发的仅是记忆中"潮"的景象（图3-2），在此基础之上审美个体可以再展开联想和想象，如联想到潮头起伏的舢板，舢板则不是园林虚借的景象，因为其没有外化的现实符号存于园林之中，没有固化为园林景象。

图 3-1　网师园"待潮"景点（引自：新浪微博 http://blog.sina.com.cn）

图 3-2　钱塘江"大潮"（李小琴摄）

　　虽然"实借"和"虚借"借景方式不同，所借景物也不同，是对立的，但二者又是紧密联系、相互统一的。在具体的借景中二者时常相互呼应和补充，共同构成了完整的借景景象系统。如苏州"沧浪亭"历史上曾"实借"城外西南山峰，在清代宋荦所作《重修沧浪亭记》中曾记载"构亭于山之巅，亭虚敞而临高，城外西南诸峰，苍翠吐欲"[25]，沧浪亭前那副著名的对联"清风明月本无价，近水远山都有情"又使园亭虚借了风、月等心理景象，此外这两种景象又与实借密切相关，在特定的时段又分别能借到相应的"实景",如晚上举头可见的明月,不时拂面的清风等,这是虚实借景相互统一的佳例。可惜的是同治年间园林重建时,由于处理不当,南面"南道堂"和"五百名贤祠"遮挡了沧浪亭远眺视线[18],只剩下对联中固化虚借的景象了。

从传统园林借景的整体来看,"实借"仍是园林借景的主要方式,实借的景象构成了借景的主要景象,而"虚借"是借景的次要方式。这是因为园林归根结底仍是营造现实游憩环境的艺术,现实的景象和空间系统是园林的核心部分,而且视觉是人最主要的感觉通道。总之,实借和虚借在园林借景中是对立统一的关系,既要重视实借,又要重视虚借,在应用中要将二者巧妙地结合起来。

3.2　传统园林中借景的特性

"借景"与"造景"是传统园林景象构建的两种方式,目前对二者的对比研究相对较少,而弄清借景相对造景的特性,对深入地开展借景、借景设计和传统园林设计研究都具有重要的意义。

3.2.1　得景的高效性

借景相比造景在园林景象建构中更省时、省力、省料,具有"得景的高效性"。借景景象原本就存在,其建构通常不需耗费造园的人、财、物,而园内造景有时需要一个相对较长的建造过程,借景相对于造景在景象构建中能够极大地节省时间、材料和人力。在古代生产力相对较低、建造技术和工具相对落后的条件下,建造园林尤为耗时耗力,一些大型皇家园林的建造甚至需要全国性调配资源而成为政治事件,在这样的条件下,借景得景的成效更高。在现代园林建造中,通过"借景"而构景,也是降低建造成本,建设"节约园林"行之有效的策略之一。

3.2.2　生发意象（意境）的优越性

前文已分析阐释了园林艺术审美过程中，审美意象（意境）是园林主旨情思（意）和外化景象系统（言）之间的桥梁，意象的生发对于园林艺术创作和欣赏都起到关键性作用，对园林主旨情思的表达和传递极为重要。那么借景相比造景构建的园林景象，在意象生发中具有哪些特点和优势呢？

相比造景，借景方式构建的园林景象更为丰富，更易于园林意象的生发。造景由于受材料、技术和财力等现实条件的限制，不可能全面反映现实生活中各种各样的景象，景象内容较为有限，通常概括的传统园林造景元素仅有假山、水、建筑、植物和道路等，只能利用有限的造园要素模仿自然山水等景象。而借景不受造园条件限制，所借景象本身是自然或人文环境中的一部分，纷繁复杂，十分多样，如村庄、农田、寺观、城墙、山峰、河湖、朝霞、夕阳、雨雪、风月、炊烟、灯火、行人、动物等，几乎现实中所有景象都曾被历代园林借景入园。实借景物已远丰富于造景景物，而部分虚借景物由于不受物质条件限制，更加奇异纷呈，如前文述及网师园"待潮"景点虚借"大潮"，"樵风径"虚借"樵夫""大风"等，这些景点不仅是园林造景难以模仿再现的景象，而且更加灵活自由，随意摘取。

借景景物在审美心理过程中认知障碍较少，而认知是其他审美心理过程的开端和基础，认知障碍少更利于其他审美心理内容和整个审美过程的开展，也就更有利于意象的生发。王甦在《认知心理学》中示例分析了 Biederman（1972）等人所做的相关心理实验，并指出"知觉与人的知识经验是分不开的，人在知觉自然环境中的对象时，是以已有的关于自然环境中诸景物的知识为依据的，有关诸景物的自然的空间关系的知识引导我们的知觉活动"[12]。对于知觉过程，Bruner（1957 年）和 Gregory（1970 年）

提出的"假设考验说"影响最广，认为人通过接受信息，形成和考验假设，再接收和搜寻信息，再考验假设，直到形成最终的正确认识。这种假设考验的过程依赖于记忆中以往的认知经验，当假设与以往感知经验相吻合时，认知过程障碍较少，当缺少相关知识经验时，认知就会出现较大障碍。借景所借景象是人日常生活中真实环境的一部分，如山、水、佛塔、雨雪等都在以往的认知中反复出现并存储于记忆中，因此借景景物在认知过程中障碍较少。而造景景物则需要反复提取特征信息，经过反复辨析，才能对其形成确定的认知。

借景景象更容易引发人的心理情感，而意象是情景交融的产物，因此借景也就更容易生发园林意象。俄国情感心理学家 П.М. 雅科布松在其专著《情感心理学》中指出"以往经验对人的情感有着重要意义"[26]，邱明正在其《审美心理学》中也指出"审美情感、审美情绪必然地要受到个体历时性积淀的情感结构的制约"[27]。借景景象不仅丰富多样，而且都是日常生活中的典型景象，这些景象在日常生活里有意或无意地在人们的记忆中留下了深刻的印记，其中很多景象由于反复地感知，与其关联的情感也得到加强和固化，成为个体的情感经验，景象经验与情感经验之间建立了较为畅通和活跃的映射和应激联系，当受到熟知的借景景象刺激时容易引发一定的情感体验，如皓月、清风、南雁、帆影等。然而造景景象中很大一部分是对自然景物的抽象摹写，如假山、水池等，其与以往认知经验和情感经验有时会出现差异和脱节，加之景象内容相对单调，因而对情感唤起就显得相对乏力一些。

借景景象容易引发联想和想象等形象思维，联想和想象是意象产生的重要心理要素。正所谓"见丹井而如逢羽客，望浮屠而知隐高僧"，借景景象不仅更加丰富，而且是人们以往熟知的生活景象，与相关记忆景象的联系更为紧密，更易产生联想和想象。此外，园林题咏中描绘的大量景象（符号性虚借），其中很多是现实园景的关联景象和延伸景象，这些景象能够加强审美中的联想和想象，如苏州沧浪亭清香馆楹联为"月中有客曾分种，世上无花敢斗香"，楹联将清香馆周边的桂花与"吴刚伐桂（月中有客）"之间建立联系，使人由现实中桂花想象到月宫中景象。这些对审美判断和理解亦具有一定的作用，更利于意象的生发，正如候幼彬在《中国建筑美学》中所总结"揭示景物的意境内涵，善于发现景物意蕴，开挖景物意蕴，释放景物意蕴，可以说是咏吟建筑和风景的诗文的一大特色" [28]。

　　借景景物在审美过程中更易于引起心理上的"注意"，"注意"是进行各种审美心理活动的前提条件，从而也更利于意象的生发。注意是指"心理活动或意识对一定对象的指向和集中" [29]，注意使人对信息进行选择，并维持审美等心理活动的持续进行，哪种景象更能引起心理的注意，也就更能引起审美的认知、联想和情感等心理活动，更易于意象生发。注意分为"不随意注意""随意注意"和"随意后注意"三种 [29]。不随意注意是事先没有目的的注意，不随意注意对园林审美的意义很大，哪些景物能够在不经意间引起观者的注意和兴趣，往往就能够开启审美，从而也是意境产生的前提和基础。彭聃玲在《普通心理学》中指出"刺激物的新异性、强度和运动变化是引起不随意注意的主要原因" [29]。造景景物中除了园内植物外较为恒定，而借景景物更具新异性和运动变化性，试想突至的白雪、阴晴圆缺的明月，平静的天空中忽然飞过一群白鹭，天边突现的晚霞等，自然更能够引起观者极大的注意和兴趣，这也是计成在《园冶·借景》中强调"摘景偏新"和"切要四时"的原因。

　　"意象（意境）"是传统美学的核心范畴，关于生发意象的"形象"要点，传统文艺理论中有许多精炼的总结，借景景象也更符合这些要点。如"虚实相生"既是对意象结构的概括，也是意象中形象创作的要点之一；既要求形象中情与景、神与形的主客观兼备，又要求注重整体形象中有、在、显等特性与空、无、隐等特性的完美融合。很多借景景象都是园林中虚景的主体，实景易造，虚景难调，如风、朝霞、雨雪等多具空、无、隐等特性。另外，很多借景的实景由于距离较远，空间感强，细节隐失较多，不生硬，众多景象之间虚实关系调和的较好，此外园林中声景、气味景象，以及通过题咏引发的心理虚景更是弥补了造景偏实的问题。又如得"真"也是"意境"中形象创作的要点之一，张家骥先生指出："真"就是自然，就是生命，是"形"与"气"的统一[1]。计成在《园冶·自序》中批评鸠匠叠山"世所闻有真斯有假，胡不假真山形，而假迎勾芒者之拳磊乎"，强调要"假真山形"，主张借鉴自然山体形象之"真"，这里的"真"不是完全模仿的"形似"，而是指把握了自然景物形象的本质特征或规律，这需要造园家在生活中对自然景物长期的俯仰观照和体验才能把握，因此造景得真不易。而借景之景是直接的"真"，其通过选址择景通常选取的都是优美的现实景象，而且很多景象由于具有较远的空间距离隐去了细节，更利于景物形象特征的展示，易于意象的生发。

综上，相比较园林造景，借景对意象的引发具有更多优势。借景景象更为丰富多样，极大地丰富了园林之"象"，丰富了审美内容；借景景物心理认知障碍较少，且更易引发（心理）注意和兴趣，与记忆景象经验和情感经验联系紧密，更易引发欣赏者的回忆、联想和想象，从而更易引发内心情感的触动，因而更易实现情景的交融，引发审美意象；虚借除可丰富和加强审美时的心理表象外，还可以引导审美判断和理解的发展方向，也更利于审美意象的产生。因此，借景相比造景具有"生发意象（意境）的优越性"。

3.2.3 相对造景的先在性

"在先"和"在后"是一个根本问题，将决定一系列其他问题。哲学上将"先在性"分为"时间先在性"和"逻辑先在性"。"一事物先于他事物而存在，这一事物较之他事物就具有时间上的'先在性'"[30]，如物质在时间上先于意识而存在；而"逻辑先在性"指"事物之间在'逻辑'上的'优势地位'，也就是说事物之间哪个更根本、更本质，如本质相比现象在逻辑上更具优先性"[30]。二者之间具有一定的关联性。

大多数借景景物在时间上先于园林设计过程和造景景物而存在，其影响和决定了园林中"借景"对造景以及借景设计在逻辑上的优先地位。大多数借景景物属于"时间上先在"的物质条件，而园林设计是人的意识思维过程，园内造景是意识（园内设计）指导下对物质的建造和改造结果，时间上"先在"的物质条件决定"后在"的意识活动，一定程度上也决定"后在"的意识指导下实践的成果，因此"时间上先在"的借景景物必然在一定程度上决定和影响"时间上后在"的园林设计和园内造景，如西山对颐和园整体设计及园内造景产生了深刻的影响。这点可以简单理解为"先在条件决定后在策略和内容"。

此外，"借景景物"在园林营造过程中不能被直接改造，这点也决定了其相对造景景物的逻辑优势。绝大部分借景景物属他，在造园实践中不能被直接改造或控制，只能被动地引入园内，而造景景物则都是根据需要进行改造或重新建造的，因此当借景景物和造景景物存在冲突需要调整时，造景景物存在调整的可能，而借景景物自身不存在调整的可能，借景景物与造景景物相比，具有不可改造性。

借景相比造景更加高效，更利于园林意境的生发，同时借景景物具有"时间先在性"和"不可改造性"，借景影响甚至决定着后续的造景设计内容，因此综合来看，园林借景相比造景在逻辑序列上更具优势，更为重要，更具有"逻辑先在性"。这也是计成等人总结的"夫借景，林园之最要者也"的原因。

3.2.4 对借景资源的依赖性

"借景资源"指现有的可供园林资借的景象资源，"借景"的形成和最终效果依赖于环境中的景象资源。如果园林所处的用地没有可供资借的景象，"借景"无从谈起；如果所处的环境中借景景象的景观品质较低，同样难以形成较好的借景效果。与此相比，园林中"造景"则对环境中的景观资源依赖较小，不受现有景观资源的太多束缚。因此园林借景客观上需要进行精心选址，历史上东方和西方传统园林均十分重视从借景需求出发进行选址，强调选择周围环境优美、具有可供资借景象的用地建园。如《园冶》专篇阐释园林相地，并在"相地"中总结各种用地类型中的重要的借景景象；又如夸代（M. E. Guadet，1758—1794）曾总结"意大利造园艺术的第一要点是'推敲一块好的地方'"[31]，这个好地方是为了"可以望海，有些望田野、河流，有些望山冈丛林"[31]。历史上的造园实践也确实如此，在风景优美的区域，如杭州西湖周边、北京西北郊、苏州西北郊及杭州瘦西湖周边等，园林建设较为集中。

3.2.5 景象的不可控性

借景景象相对造景景象在园林建造中可控性较弱。首先借景景物很多"属他"，其自身的特性有时不能与借景需求完全契合，如景象形式、尺度、距离和位置等因素即使不便于借，在造园活动中也无法根据需求对借景景象进行直接的改造，只能被动地引入。而造景则不同，其景象在造园活动中完全可控，造景构建的假山、水池、建筑等景物，其形式、尺度、位置等完全可以根据设计者的设想和需求进行设计建造，具有较高的"可控性"。

　　除了景象自身不能改造，某些借景景象在园林中也不恒定，其出现的时间不固定，具有运动变化性，这些也造成了借景中部分景象难以按照园林需求人为地控制。如传统园林借景中经常出现的雨、雪、月、霞以及虫鸟等，这些景象在园林中并非一直存在，其只在特定的环境下出现，不可人为地控制其出现的时间、频率和强度等。然而造景景象却不同，其通常具有恒常性且更加可控，不仅能够根据需要设计布置园林中山水的形式和尺度，还能人为控制水位的高低、水量的盈亏等。因此，相较而言，造景景象比借景景象在园林设计和建造中更加可控。

　　综上，由于景象构建的方式不同，借景相比造景具有一些自身的特点，有自身的优势，也存在一些局限性。这些都是从传统园林整体上进行的探讨，并非针对园林个体。借景的"特性"是借景的基本问题之一，弄清这些对于我们理解借景、深入地分析借景设计具有重要的意义。

第 4 章

传统园林的外围环境及
"实借" 景象

历史上传统园林中存在着大量的借景，弄清历史上传统园林所处的外围环境状况及主要的借景景物，是深入分析借景和借景理法的前提。

4.1 传统园林的外围环境

计成在《园冶·相地》中将传统园林用地归纳为六类，分别为山林地、城市地、村庄地、郊野地、傍宅地和江湖地。计成将园林用地进行分类的标准之一就是园林所处的整体环境类型，分类出发的视角之一是利用哪些外围环境中景物进行造园或借景，如在"山林地"中曾指出园林可借景"好鸟要朋，群麋皆侣""千峦环翠，万壑留青"，又如在"郊野地"中园林可声借"隔林鸠唤雨，断岸马嘶风"等。计成总结的六类园林用地类型覆盖了传统园林主要的外围环境类型，其中记载的借景景物为研究园林外围环境和借景景物提供了很好的启示和线索。

我国传统园林历史悠久且地理空间分布较广，本书选取历史上南方造园中心之一苏州作为典型案例进行分析，能够从一定程度上帮助我们探析传统园林所处的环境状况。苏州位于长江三角洲，西濒太湖，北枕长江，地势自西北向东南微倾，以平原为主，西部分布山地和丘陵，是浙西天目山向东北延伸的余脉，主峰为穹窿山，海拔341.7米，西部山区中分布大量寺庙、道观和其他人文景观，历史上郊区分布着大量的农田、林地、荒野地，以及零星的村庄，同时河网密布，湖塘星罗，如京杭大运河、金鸡湖、独墅湖、石湖、阳澄湖、沙湖等。古时苏州山水相依，田野阡陌，山不高而清幽，水不阔而秀丽，一派自然山水和田园景色的风貌。在这样的自然环境中分布有大量园林，这些园林都与园外的环境保持了密切的借景关系。

苏州古城历史上曾是我国江南地区的政治文化中心之一，古城面积 14.2 平方公里，始建于公元前 251 年，是我国最早的城市之一。最为可贵的是其自建城以来，城市位置没有发生改变，城市"水路并进、河街平行"的基本格局至今仍保存比较完整（图 4-1）。近代苏州古城虽遭受破坏，但仍是我国目前保护相对较好的古城之一。历史上苏州古城最外围是护城河、城墙和水陆城门，城内是纵横交织的"三横三纵一环"的水系，以及纵横交织的街道。在街道和河流交界的地方分布有大量的桥梁，被街道和水系划分的街坊内分布着大量的民居、寺庙、园林、祠堂，以及古井、树木等，此外在历史不同时期，城内边缘及部分地区分布有少量的农田、林地和废弃地等（图 4-2）。

古城的空间轮廓线从竖向上可分为高、中、低、下四个层次，分别是以佛塔组成的"高轮廓线"，以城墙、城楼、寺庙和楼阁等高大建筑群组成的"中轮廓线"，成群成片粉墙黛瓦坡屋顶的低层民居组成的"低轮廓线"，以及河路交织的城市基面 [32]。在古城空间结构中，佛塔是城市的控制点和核心，如苏州北部的北寺塔高 76 米，始建于三国时期，期间经多次重建，始终是北部城区空间的制高点。除了佛塔，城楼、寺观和城墙也是古城的标志性建筑。

古城在平面组成上有两个特点："寺观多"和"园林多"。古苏州道教和佛教也十分盛行，古刹道观林立。据有关统计，至新中国成立初期，苏州城内仍留有大小寺庵 200 余所 [33]。伴随佛寺修建，佛塔建造在古苏州地区也蔚然成风。苏州历史上共有佛塔 100 多座，现全市仍完好保存着古塔 20 余座 [33]。此外，苏州园林不仅数量多，而且面积占古城比例也较大，经统计，历代苏州园林（名

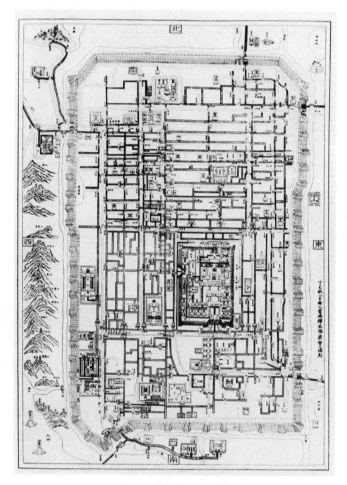

图4-1　宋《平江图》

胜）多达 802 处 [34]。亦有学者计算，在乾隆十年，园林
占古城面积的14%以上 [35]。沈朝初曾描述苏州城："苏城好，
城里半园亭"。

　　由上述分析可知，历史上苏州地区的园林外围自然
环境和城市环境极具代表性，其自然环境类型涵盖了计成
总结的6类用地，景观格局完整统一，视觉上疏朗开阔，
苏州城内及周边分布的园林充分地收纳环境中的各类景
物，存在大量的对外借景关系。通过对《苏州园林历代文
钞》中154篇（全书约300篇）城内及近郊园林的园记、

图 4-2　清乾隆十年《姑苏城图》中园林基址分布状况（引自《明清苏
　　　　州园林基址规模变化及其与城市变迁之关系研究》）

游记和序跋的统计，其共涉及历史上 95 个园林，含有景
色记载的园林有 65 个，含借景记载的园林有 26 个，在有
景色记载的园林中，明确含对外借景记载的园林比例达
40%。然而历史上苏州城内及近郊园林中，实际对外借景
的比例应该远高于 40%，因为园记篇幅极为有限，大量
的篇幅都在记载园子的历史、事件和抒发情感，即使介绍
园内景色大多也是蜻蜓点水，寥寥数言记录一下主要厅堂
和景点名称等，很容易遗漏对园外借景的记述。例如《苏
州园林历代文钞》中关于拙政园共收录了 10 篇文章，但
只有 1 篇文章中含有对外借景的记载。

然而随着传统园林的大量消失和近现代园林外围环境的巨变，绝大多数园林借景离我们远去了。如据相关研究统计清代苏州园林共有 369 处，中华人民共和国成立初期仍有 188 处，而至 20 世纪 80 年代时只剩 69 处 [36]。此外，近现代的城市化进程使城市快速扩张，也吞噬破坏了园林外围优美的借景环境，以苏州为例，1949 年前后苏州建成区面积仅 19 平方公里 [37]，其中包括古城区的 14.2 平方公里，而截至 2012 年，苏州城市建成区面积达到了 494.03 平方公里。1949 年苏州城内清代及清代以前的古建筑面积占全市房屋面积的 40%，而 20 世纪 80 年代初，这 40% 的古建筑只剩下了 10%[38]。大量的工厂、学校、医院等被安插进古城内部，侵占了大量的民居、园林和寺观。仅 "大跃进" 期间，就有近 280 家的工厂厂房由民居直接改建而成 [37]。城市在向四周快速扩张的同时，在高度上也急剧生长，这也破坏了传统园林原有的借景视线。如历史上的 "留园" 存在着不少借景处理，明万历十七年（1589 年），太仆寺卿徐泰时在现留园位置建 "东园"，园内有三层阁楼，登楼可远眺苏州西部的灵岩、天平诸山。清嘉庆年间，刘恕在东园位置建 "寒碧山庄"，于园内建 "含青楼"，《含青楼记》中明确记载登楼可远眺虎丘、北寺塔、田野村庄等，20 世纪重建后留园西部仍保留有土山，登临山上的 "舒啸亭" 和 "至乐亭"，仍可远眺西山，北望虎丘及虎丘塔（图 4-3），登临园内西北角的 "冠云楼"，亦可远借虎丘。然而，可惜的是这些借景关系都随着园林外围环境的巨大变化而消失了。

经过上述分析可知，历史上中国传统园林所处的外围环境自然恬然，城市内建筑高度较低，便于借景。传统园林中存在着大量的借景处理，园林借景的普遍程度应该远超我们今天从实例中体验到的。

图4-3　留园西部假山借景虎丘及虎丘塔（引自《苏州古典园林》）

4.2　传统园林借景的景象要素

　　传统园林借景的核心景象有哪些？这是借景研究的关键问题之一，虽然由于传统园林体系过于庞大，无法全面地进行总结，但是通过对典型地区的分析，借助一定的历史资料，结合现存的园林借景实例，还是能从一定程度上还原历史上传统园林主要的借景景象状况。通过前文的梳理可知，苏州地区的整体环境类型丰富多样，有山地、平原、河湖、城市等景象（图4-4、图4-5），传统园林极具代表性且保存相对完好，历史资料也相对较丰富，因此选取古苏州地区园林进行分析。

　　计成一生游历南北，中年以后主要活动于苏州地区，其著作《园冶》为分析苏州地区园林借景景象提供了较好的线索，如其在《园冶·相地》中直接记载的主要借景景物就有："千峦""畎亩""乔林""村庄""江干湖畔""叠雉""临舍""长虹"和"千家"，分别指：山峰、农田、

图4-4　清《姑苏繁华图》中苏州城郊自然环境（引自《中国古代绘画精品集　姑苏繁华图》）

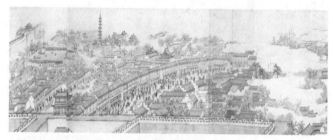

图4-5　清《姑苏繁华图》中苏州城市环境（引自《中国古代绘画精品集　姑苏繁华图》）

林地、村庄、河湖、城墙、邻园、桥梁和民居。笔者通过查阅大量苏州园林园记和游记，发现这些借景景象以及佛塔、寺观、城楼等反复出现，总结归纳起来有 12 种。结合前文对园林外围环境的分析不难发现，这些景象是苏州园林外围环境中的核心景象元素，是苏州传统园林主要的对外借景景象。

苏州西部分布着上方山（图4-6）、灵岩山、天平山（图4-7）、横山、狮子山和虎丘等山体，这些山峰距离较近，城内及郊区大量园林都与西山存在紧密的借景关系。历史上关于苏州园林借景西山的记载非常多，仅《苏州园林历代文钞》一书中就有 20 个城内及近郊园林明确记载了借景西山，如明代徐泰时修建的 "东园"，园内有 "后乐堂"，江盈科作《后乐堂记》中曾记 "堂之前为楼三楹，登高骋望，灵岩、天平诸山，若远若近，献奇耸秀，苍翠可掬[25]"。

图 4-6　苏州上方山及楞伽寺塔（引自《苏州园林名胜旧影录》）

图 4-7　苏州天平山（引自《苏州园林名胜旧影录》）

位于古城南部苏州名园"沧浪亭"，历史上登亭也可远借西山诸峰。清代吴有礼作《重修沧浪亭记》中记载："城外远近诸峰，势若环拱，登其亭高旷轩敞，心舒自开，远浮岫青，曲池泄碧"。

佛塔是历史上苏州园林的重要借景景象要素之一。高大的佛塔是苏州古城及周边环境中的标志性建筑物，耸浮于民居之上，造型优美，极易成为附近园林的借景景物

（图 4-8）。如高 76 米的北寺塔与城内外园林之间可能保持着大量的借景关系，在乾隆十年的《姑苏城图》中，古城北部有 54 处园林（图 4-9），参考现存拙政园距北寺塔 900 米和城外寒碧山庄距北寺塔约 2 公里，《姑苏城图》中大量园林距离北寺塔更近，一些园林紧邻北寺塔，很大可能与之存在借景关系，历史记载中也有许多古城北部园林借景北寺塔的记载，如清代蒋埊在城内西北部 "阊门" 内建 "绣谷园"，内有 "西畴阁"，《西畴阁记》中记载 "轩靡四启，北寺浮图，屹然而恭立；城中万瓦，鳞次牙错，僧寮农舍，网户渔村，参差棋布于原野之间；郭外诸山，若灭若没，隐隐可一发指[25]"，其中北寺浮图即指北寺塔。由借景北寺塔的情况可推知其他佛塔与周边园林的借景情况。有趣的是历史上苏州有三个借景佛塔并以 "塔影" 命名的园子。其中两处位于虎丘周边，一处是明代文肇祉所筑位于虎丘便山桥南的 "塔影园"，原名 "海涌山庄"，当时园内不仅可直接观赏到虎丘塔，而且在园内水塘中形成优美的宝塔倒影，张伯起先生曾为之赋诗："雁塔朝流舍利光，半空飞影入寒塘"。另一处是 "蒋氏塔影园"，位于虎丘东山浜，清代沈德潜所作的《蒋氏塔影园记》中曾记 "山巅浮图，隐见林隙，故名"。还有一处为袁学澜的 "双塔影园"，位于城中双塔附近。

图 4-8　苏州 "北寺塔" 及西部风貌（引自《苏州旧影录》）

　　高大的城楼、城墙和寺观等标志性建筑也是历史上苏州的重要借景要素（图 4-10、图 4-11）。历史上苏州

图4-9 乾隆十年《姑苏城图》中古城北部园林分布情况（底图引自《苏州古城地图》）

城内城楼、城墙以及一些寺观等建筑体量高大，造型优美。这些标志性建筑也与百姓日常生活紧密相关，被很多园林借景入园，如明代王心一在拙政园东部的位置修建"归田园居"园，《归田园居记》中曾记，于园内西北"紫逻山"上建"放眼亭"，登亭远眺"西与南洲之拙政园连林靡之间，北则齐女门雉堞半控中野，似辋川之孟城，东南一望，烟树弥漫，惟见隐隐浮图插青汉间"[25]。其中的"齐女门"即位于苏州城北部，距园约600米的城门"齐门"，古又称"望齐门"，"雉堞"即城墙外侧的垛墙，"浮图"即佛塔。清代徐瑞在虎丘西溪南修建"乐山楼"，乾隆年间进士张家相为之作《乐山楼记》中记载"其中有楼焉，面山俯水，其延景尤胜。凭栏远眺，则琳宫梵刹，翠崖苍壁，皆在咫尺之内"[25]，"琳宫梵刹"即道观寺庙。

图4-10 苏州"玄妙观"（引自《苏州百年明信片图录》）

图 4-11 旧时苏州 "盘门" 及城墙（引自《苏州园林名胜旧影录》）

　　园林在苏州古城内密度较大。在发展的高峰时期，吴地官绅富贾争先购地建园，造成许多园子之间比肩接踵，堆山建阁，相邻而互相借景的情况随之形成。另外，苏州早期园林基址普遍较大，之后被分隔易主，拆分后的园林即使经过修葺改建，也多少保留一些连带关系，这些都促进了邻园互借的形成。苏州园林中借景临园的例子非常多，除前文述及的 "归田园居" 和我们熟知的 "补园" 借景拙政园外，还有很多借景邻园的历史记载。如明代汤传楹的 "荒荒斋" 位于城内西南隅，其在《荒荒斋记并铭》中曾记，园内 "（南楼）临百榖王先生园，与园中南有堂遥对，南有堂者，取《诗》'南有乔木'句，而乔木，则指予家楼外银杏四株也。其中有红楼、碧沼、细柳、疏桐四时风物，可作隔墙遥赞一助" [25]。从园记中可知，当时汤氏园林可以借景邻园，邻园也借景 "荒荒斋"，并以树木命名园中景点，成就了一段邻园互借的佳话。正如计成在《园冶》中所言："倘嵌他人之胜，有一线相通，非为间绝，借景偏宜；若对邻氏之花，才几分消息，可以招呼，收春无尽"。

　　农田和林地也是苏州园林的借景景象要素之一，历史上有大量记载。明代张凤翼在《徐氏园亭图记》描述 "登斯楼（寰胜楼）也，左城右山，迎接不暇，而虎丘当北窗，秀色可摘，若登献花岩顾瞻牛首山然。俯而视之，则平畴水村，疏林远浦，风帆渔火，荒原樵牧，日夕异状"[25]，在园内不仅可以借景西山、虎丘塔，而且可俯借城外的疏林、农田，以及荒野河湖等景色。

河湖及桥梁也是苏州园林重要的借景景象。历史上苏州河湖极多，桥梁也很多，据记载民国时期苏州城内有桥349座，城外有桥700余座。很多桥梁因航运需要，不仅优美而且十分高大，是苏州历史名景（图4-12、图4-13），如高9.85米的"吴门桥"与盘门和瑞光塔组成了古苏州著名的"盘门三景"。借景河湖和桥梁的历史记载也很多，如清代刘恕在城外现留园位置修建的"寒碧山庄"，内有"含青楼"，《含青楼记》中曾记"楼之外，岚容虎阜，塔影北寺，桐桥河田，隐隐于墙隙屋角见之"，如楼记所述，可借景虎丘、北寺塔、河流、农田外，还可借景"桐桥"，清代顾禄专在其书《桐桥倚棹录》中曾记"桐桥为虎丘最著名之处"，桐桥也是苏州名桥，是古七里山塘17座桥中最大的桥。

图4-12　1900年苏州吴门桥（引自《1900，美国摄影师的中国照片日记》）

图4-13　清末石湖之滨行春桥及越城桥(引自《苏州园林名胜旧影录》)

　　城外村庄（图4-14）和城内民居（图4-15）也是苏州园林借景的要素之一。传统建筑形式十分统一，苏州地区白墙灰顶的大量民居鳞次栉比，组成古朴恬然的人工景象。历史上也有不少关于园林借景村落和民居的记载，如清代史杰所建"半园"位于城内仓米巷。当时俞樾作《半园记》中记载"（四宜楼）凭栏而望，阖庐城中万家灯火了然在目矣。"[25] 当年城内民居中夜晚闪现的灯光，如漫天繁星，十分动人。又如清代袁学澜在城外蛟龙浦的赭墩（今属郭巷）修建适园，《适园记》中曾记"于此（望春、蘋香二阁）登望，波光镜天，人烟匝里，遥村远树，贾帆渔网，平原清旷，足以适目"[25]，适园可借景河湖、林地以及村庄景观。

图4-14　苏州郊区村庄（引自《苏州园林名胜旧影录》）

图 4-15　苏州城内民居（引自《苏州园林名胜旧影录》）

在上述筛选出的山、佛塔、城楼、城墙、寺观、邻园、农田、林地、河湖、桥梁、城外村舍、城内民居 12 种借景景象要素中，山峰和佛塔体量巨大，高度最高，影响范围较大、分布广泛，是传统园林外围自然环境和城市环境的核心景象要素。笔者对《苏州园林历代文钞》中摘录的 154 篇园记（城内及近郊园林）进行逐一统计分析，发现共涉及 95 个园林，在有借景记载的 26 个园林中，山峰和佛塔出现的频率最高（表 4-1）。

《苏州园林历代文钞》中各借景景象要素出现频率统计

表 4-1

借景要素	山	佛塔	河湖	邻园	农田	城墙	寺观	城楼	城内民居	城外村舍	林地	桥
出现频率（园林数量）	20	11	6	5	4	4	3	3	3	3	3	1

　　注：只对《苏州园林历代文钞》中收录的城内及近郊园林 154 篇文章的统计，书中另有远郊园林未计。

传统园林借景中包含的景象十分广泛，远远多于上述的借景景象要素，有些借景景象或不是园林外围环境中核心显著的景象元素，或变化不定难以形成恒定的景观，或附属于借景景象要素而存在，因此从传统园林整体来看这些景象可被称为借景的附属景象，如飞鸟、帆船、炊烟、灯火、雨雪、夕阳等。虽然不是借景景象的核心要素，但是这些景象在园林景象系统中起着极为重要的作用，赋予借景景象要素和园内景物以"变化"和"灵性"，是园林中情景产生的催化剂。计成在《园冶·借景》中强调"构园无格，借景有因。切要四时，何关八宅"，指明了变化的四时之景在借景中的重要性。《礼记·孔子闲居》中指出"天有四时，春、秋、冬、夏"，《左传·昭公元年》中将四时定义为"朝、昼、夕、夜"，计成强调"因时而借"即强调重视景物在一年四季和一天四时之中的变化性，并借纳时间序列阶段中典型的景象，"切要四时，景摘偏新"[19]。景象的变化性一部分源自外部环境作用下，借景景物随着时间序列自身发生的变化，如一年四季中植物的枯荣，另一部分来自在借景附属景象作用下，借景景象要素自身的面貌发生了变化，如千帆竞发的江河，因此借景附属景象亦极为重要。借景景象要素和附属景象相互结合，互相衍化，共同构成了传统园林借景中丰富多彩、变化无穷的"四时之景"。

第 5 章

园林借景设计的目标、内容、对象及原则

前文对中国传统园林中"借景"的一些基本问题进行了探析，明确了借景的概念、特性、类型、主要景象、借景与造景的关系等一系列基本问题，在此基础上，应对"借景设计"进行深入的分析和总结，从而探究借景是如何实现的。

5.1 借景设计与园林设计

"设计"一词的外延极广，可以设计一栋建筑，亦可以设计一个研究方案，广义地讲只要在一定目的和目标指引下，在我们的思维中计划出或构想出未来实现目标的方案都可归为设计。根据赫伯特·西蒙（Herbert A. Simon）的观点，只要人们将知识、经验，以及直觉投射于未来，目的是改变现状的活动都带有设计的性质[39]。柳冠中在其《设计方法论》中列举了一些设计概念，如佩奇将设计定义为"从现存事实转向未来可能的一种想象跃升"，阿切尔将设计定义为"是一种针对目标的问题求解活动"。而《现代汉语词典》中将"设计"解释为"在正式做某项工作之前，根据一定的目的要求，预先制定方法、图样等"。《简明不列颠百科全书》中将"设计"解释为"拟定计划的过程"[40]，将上述解释综合起来可以得出设计是指"根据一定的目的要求，预先制定计划和方案的过程"。结合前文总结的"借景"的概念，园林中"借景设计"的概念可以定义为"预先制定'直接收纳原本存在（非建园活动建造）的优美景象为园林景象'的计划活动"，即为实现园林借景而开展的设计内容和活动。

园林设计作为一个系统，其组成要素（设计内容）可按照不同的标准进行多种划分，划分能够使设计内容更加明确，也便于设计过程的控制。如将园林设计分为景观设计和功能设计等；也可按造园要素将园林设计划分为地形设计、水系设计、植物设计、道路设计和建筑小品设计等；也可按设计序列进行纵向的划分，如分为前期分析、概念设想、总体规划、方案设计、详细设计等内容。孟兆祯院士经过研究将传统园林的设计过程分为：明旨、相地、立意、布局、理微和余韵六个主要环节。参照园林"情—景"的基本结构，可将园林设计划分为"景意构思"和"景象设计"。借景作为园林景象构建的方式之一，借景设计属于其中"景象设计"的子项，是针对园林借景的专项设计。作为园林设计的专项设计内容之一，其设计的结果是为园林收纳构建一定的借景景象，与园林造景景象共同构成承载园林作品主旨情思的外在形式，借景设计与"造景设计"共同构建了园林的景象设计内容。借景设计与许多园林其他设计内容之间存在密切的关系，如借景设计与园林的立意、布局、各造园要素的专项设计都存在交叉和联系，贯穿和影响整个设计过程。

5.2 园林借景设计的目标、内容、对象及原则

5.2.1 借景设计的目标

借景不是简单地由园内看到园外的景物，借景设计的目标也不是简单的"见到"或者"感知到"借景景象，"可见"或"可感知"较为容易实现，而如何以一种较佳的效果呈现借景景象则相对较难且更为重要。如造园临山，简单地创造一两条视廊使园外佛塔可见，而引入园内后呈现的效果较差，实难为园林增色。较好的目标是依据园外佛塔，使内外呼应，构建一个统一的、借景景象更加优美呈现的景象系统。现存实例中拙政园远借北寺塔，由于距离

较远视觉上不是十分突显，于是设置了一条宽度适宜的线性借景空间，将北寺塔置于视线的尽端，形成了"夹景"的视觉效果，从而使北寺塔形象更为突显，且园林借景视廊空间尺度和比例与借景景象十分协调，这样的借景就达到了借景设计的目标——"完美、协调"地纳入并呈现借景景象（图 5-1）。

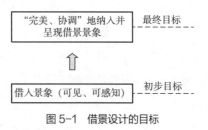

图 5-1 借景设计的目标

5.2.2 借景设计的内容

为实现借景设计的目标，需解决三个核心问题：借什么？怎样借？借入后怎样呈现？这些构成了借景设计的主要内容。

选择什么景物借入园内是借景设计中的首要问题，选择和组合借景景物的设计可称为借景设计中的"择景设计"。这个问题看似简单却十分重要，对借景的效果产生决定性的影响。择景设计要对园林的借景资源进行广泛踏查和详细的评价选择，只有选定了优美的借景景物，才有了借景设计的基础。择景过程中应该充分挖掘借景景物，很多情况下，或由于设计视野狭隘，或受限于对借景理解的不足，实际设计中容易忽视一些重要的借景资源，甚至漠视显而易见的借景景物，这些都将造成源头上的错失。其实借景资源丰富多样，传统园林中有大量借景风、花、雪、月等的精妙景点，只是需要设计者的一双慧眼，并且真正做到计成提倡的"极目所至……嘉则收之"。

在确定了借景景物之后，"借入设计"成为借景设计中的第二个主要设计内容，借入设计是指实现借景景象在园内呈现（借入或纳入）的设计，即借景景物怎样才能实现纳入园内的设计。借入设计的核心目标是借景景象于园林中"可见"和"可感知"，在"实借"中实现借景景物在园内视觉上可见，在"虚借"中实现"虚景"的感知。只有实现了借入，才能成为园林的景象。

根据前文对借景目标的分析，借景景物完美协调地于园内呈现才是借景的最终目标，必须巧妙地设计借景景物在园内的前景和中景，这样才能最终完成园林借景，景象的协调对借景的效果至关重要。这些出于借景目的，协调园内相关景象完美呈现借景景物的设计可称为"呈现设计"，是借景设计中极为重要的组成部分。

因此，借景设计中存在三个核心的设计内容："择景设计""借入设计"和"呈现设计"，完成了这三项设计内容，也就实现了借景的目标。在实际的设计过程中，上述三项设计内容并非完全独立，而是相互渗透、紧密结合的，需统一思考，如在选择借景景物过程中，已经包含了对其可能实现的方式及与其协调的园内景物的思考（图5-2）。

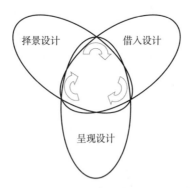

图5-2　借景设计的主要内容及其之间的关系

5.2.3　借景设计的对象

借景设计的对象不只是借景景物，还包括"出于借景目的"与借景相关的园内部分空间和造园要素。借景景

物是既存之景，其本身不可被改造，其位置也不由园林设
计控制，只能被动地选择，如园外的青山、屋檐下的燕子，
造园活动无法控制和改变这些对象，因此借景景物仅是借
景设计依据的对象，而不是设计的直接对象。借景设计首
先需要实现景物的借入，需要创造"借入的条件"，如登
高点、借景视廊等；其次是怎样实现借景景物的完美呈现，
需要园内景象与借景景象相协调。"借入的条件"和"协
调景象"都是通过对园内相关造园元素和空间的巧妙布置
来实现，是对这部分要素和空间的巧妙设计实现了园林借
景，因此借景设计的直接对象是出于借景目的而与借景相
关的园内部分空间和造园要素，对这些对象出于借景目的
而开展的设计考量和活动构成了借景设计的主要内容。

借景设计的直接对象与部分造景设计的对象重合，
使得这些造景要素和空间具有两重属性（图5-3）。其自
身虽属于造景景象，是造景设计的对象，也是借景设计的
对象，不仅受造景需求和造景设计考量影响，而且受借景
需求和借景设计考量的影响。如拙政园借景北寺塔的借景
视廊及两侧景物，是园林造景景物，是造景设计的对象，
也是借景设计的对象，对它们的设计有不少是为实现借景
目的而开展的设计活动和内容，因此它们也是借景设计的
对象。园林借景设计的直接对象具有两重属性，这也决定
了借景设计需与造景设计相互协调、同步地综合开展。

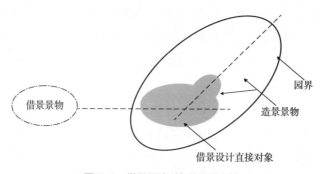

图5-3 借景设计对象的两重属性

5.2.4　借景设计的原则

　　"重视选址"是园林借景设计的基本原则之一。选"好"园址对园林借景来说极为重要，如园林所处的现实环境中根本无景可借，那么借景也就无从谈起。计成在《园冶》中紧接"兴造论"就设专章论述"相地"，可见其对园林选址问题的重视[41]，并且"相地"篇中大量的论述都是从借景的角度分析用地可供借纳的景象，如"城市地"中举例"竹木遥飞叠雉"，"洗出千家烟雨"，"素入镜中飞练，青来郭外环屏"等，如计成所述"相地合宜"，才能"构园得体"。西方园林中也十分重视选址对借景的重要作用，意大利传统园林也普遍重视选址在周边风景资源优美丰富的地方，并将主要建筑置于较高的台地上，以便于对外借景。

　　"整体设计"也是园林借景设计基本原则之一。"设计"是一个复杂的系统工程，借景设计牵涉内外、借造等多方面的关系和问题，因此更应该顾及各方面的需求，综合考虑各种因素，整体的开展设计。首先需要"借景"和"造景"相统一的整体设计，借景和造景密切相关，不可分离，借景设计的直接对象就是园内部分造景物，借景景象与造景景象共同组成统一的景象系统，不能只顾及借景需求而忽视园内造景的需要，因此应该调和二者之间的矛盾进行统一整体的设计。其次要整合"实借"和"虚借"设计，使虚、实景象相互补充、互相生发。园林是一个完整有机的系统，借景设计应该遵循"整体设计"的重要原则。

　　此外，"因地因时"也是园林借景设计应该遵循的基本原则之一。计成在《园冶》中特别强调造园要"巧于因借，精在体宜"，并提出"借景有因"，指明了"借"与"因"之间的紧密联系。"因"指"因地制宜"，"借"

指"借景"，"因地制宜"是园林设计最基本的设计原则，"借景"是最重要的得景方法，必须"因借"。首先应该因地借景，即充分挖掘场地所处环境中的借景资源，此外还需根据园林场地的条件确定适宜的借景方案。借景设计除要"因地"，还要"因时"。前文中已论述借景景物不是静止孤立的，而是运动变化的，一年四季，一天四时都不相同，要根据四时出现的典型景物进行借景设计，这也是计成特别强调"借景有因，切要四时"的缘由。总之，借景设计应该遵循"因地因时"的基本原则，否则"'借'而无'因'，必强为造作而失去自然的意趣[1]"。

另外，"充分借景"也是开展园林借景设计应该遵循的基本原则之一。计成在《园冶》中强调"借者，园虽别内外，得景则无拘远近，晴峦耸秀，绀宇凌空，极目所致，俗则屏之，嘉则收之，不分町疃，尽为烟景"，并指出了"倘嵌他人之胜，有一线相通，非为间绝"的要求。计成在这里提出了园林借景的一个重要原则：最大限度地借景，充分地借景。充分借景首先是加深对借景景物的理解，充分挖掘借景景物；其次，当存在可能的时候就要尽可能地创造条件进行借景；最后，要运用多种借景方式，以期形成丰富多样的借景景象。虽然借景及其重要性已被熟知，但是目前很多园林项目在设计中未足够重视借景，也没有做到充分借景，造成了很多借景资源的浪费。

"虚实结合"亦是开展园林设计应该遵循的基本原则之一。虚借和实借是园林借景的两种类型，借景设计中应将"实借"和"虚借"充分结合起来。《意境探微》中总结"中国人在艺术意境里，追求一种'全美'的美感享受，追求视觉、听觉、味觉、嗅觉和心觉的全美享受"[42]，强调视觉与其他感觉通道的综合刺激，以及"心象"的共同作用。园林中虚借和实借能够借纳不同感觉景象，形成声、色、味的立体景象，其中虚借心理景象，更利于园林意境的产生。当然，虚实结合不能脱离以实借为主的原则，园林借景整体上还需侧重"实借"的方式，广泛地收纳现实中的视觉景象，在此基础上补充运用"虚借"的方式，搜寻环境中可供资借的微妙声景或味景，或将构思中精妙的心理景象固化为园林虚景。

第 6 章

园林借景设计的一般过程

设计是一个复杂的过程，需要处理大量的矛盾，经过很多环节，才能实现从无到有的创造。在这个过程中，如果不能沿着相对科学的步骤展开，将影响工作的效率。因此，梳理总结科学的借景设计过程对指导借景设计的开展意义重大。

经过对大量设计实践的总结，前人归纳出的一些科学的设计过程，为我们分析借景设计过程提供了很好的指导。

关于设计的程序，英国皇家艺术学院的阿契尔（L. Bruce Archer）提出了"三阶段六步骤"的过程，"三个阶段为分析阶段、创造阶段和制作阶段"[43]。分析阶段侧重对需求、现状条件的分析，主要用观察、衡量和归纳的方法；创造阶段主要以主观评价、判断和演绎为主；制作阶段主要指设计结果的表达。六个步骤分别为："安排程序、资料收集、分析、综合并决定方针、发展、表达"[43]。阿契尔的总结对各类设计工作程序有普遍的指导意义。孟兆祯指出"中国园林艺术从创作过程看，设计序列有以下主要环节：明旨、相地、立意、布局、理微和余韵。而借景作为中心环节与每个环节都构成必然依赖关系"[44]，孟兆祯的研究指明了借景设计与园林设计纵向序列和各个环节的密切关系。

综合前人的研究成果，笔者尝试总结借景设计的过程为借景选址、借景资料收集与分析、借景立意构思、借景策略确定和借景方案深化五个环节，并且这五个环节与园林整体设计过程同步进行（图6-1）。

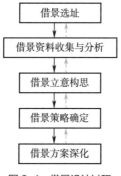

图6-1　借景设计过程

6.1　借景选址

选址是借景的基础，决定了借景景物和借景方式，也从很大程度上决定了借景效果的好坏，因此借景选址是借景设计中首要的环节。"借景选址"特指从借景需要出发、以借景为目的对园林用地的考量，是整体园林选址中考量的一部分（图6-2）。

图6-2　借景选址与园林选址的关系

东西方传统园林都十分强调选址与借景的紧密关系。《园冶·相地》中明确指出："相地合宜，构园得体"[19]，"'相'即审查和思考，相地的含义有两个方面：一是选择用地，所谓择址；二是对用地基址进行全面勘踏、全面构思"[44]，其实两个方面是密切联系的，选址就是一个对用地全面踏查、分析构思和预判的过程，分析的结果会影响选址的结论。在对园林踏查的选址过程中，很大一部分的思考应该针对用地及周边的"景观资源"状况展开，目的是如何利用这些景观资源状况，如借景。传统园林选址的重要视角之一就是园林借景。

图6-3 《避暑山庄图》（清冷枚绘，故宫博物院藏）

承德避暑山庄（图6-3）的选址极佳，借景资源丰富。康熙在《避暑山庄记》中记述山庄优越的自然条件，"金山发脉，暖流分泉，云壑渟泓，石潭青霭，境广草肥，无伤田庐之害；风清夏爽，宜人调养之功。自天地之生成，归造化之品汇。……因而度高平远近之差，开自然峰岚之势。依松为斋，则窈崖润色；引水在亭，则榛烟出谷，皆非人力之所能。借芳甸而为助；无刻桷丹楹之费，喜泉林抱素之怀[45]"，张新羽在《避暑山庄的造园艺术》一书中分析避暑山庄的选址，除政治因素外，优越的自然条件是主要原因，而"借景资源丰富"更是其中重要的原因，"站在山庄高处眺望，四周群山环抱，峰岭连绵，奇峰怪石，蔚为奇观；有如平桥凌空飞架的天桥山；有如雄鸡昂首长鸣的鸡冠峰；有如僧帽浮空的僧冠峰；蛤蟆石则像一个翘首鼓腹的巨大蛤蟆；罗汉山则如坦腹跌坐的胖大罗汉；最令人感兴趣的还是磬锤峰，《水经注》称之为石梃，说它'危崖耸立，高可百余仞'，在层峦之巅，傲然支柱苍天"[45]。

西方园林中也十分强调选址对借景的重要性。如意大利郊野别墅园林多选址在风景资源优越、借景便利的地方。如对意大利文艺复兴时期造园艺术影响最大的建筑家阿尔伯蒂（L. B. Alberti，约 1404—1472），十分重视别墅的选址，他在《论建筑》中论述别墅选址要"自然风景优美。那儿不可没有赏心悦目的景致、鲜花盛开的草地、开阔的田野、浓密的丛林……要在山顶上或者山坡上，望到城市、村庄、海洋和平畴，以及丘陵和——能指出名字的峰峦[31]"。很多建成的意大利郊野别墅园林也如同阿尔伯蒂强调的那样选址在借景资源丰富的山坡上，如美第奇别墅（Villa Medici,Fiesole，图 6-4）、埃斯特别墅（Villa d'Este,Tivoli，图 6-5) 等。

"借景选址"需要对现场进行反复的踏查，并且不能仅限于当时当地所见之景，应充分考虑"春、夏、秋、冬，朝、昼、夕、夜"会出现的可利用的景象，以及整体借景资源运动变化的可能性，在此基础之上做出的"借景选址"判断才是全面准确的。"借景选址"除了要分析评价用地及周边环境中"借景的景观资源状况"之外，还要审视用地借景条件的便利程度，如距离借景景物更近、地势较高、视野开阔而障碍物较少的用地更适合选作园址。此外还需考量用地所处环境中干扰性景观的状况，如周围

图 6-4　意大利美第奇别墅（引自《外国造园艺术》）

图 6-5　意大利埃斯特别墅（引自《外国造园艺术》）

环境中存在大量干扰性、破坏性景观，且这些景观不易规避，则从借景角度考虑应尽量避免此类用地。

6.2　借景资料收集和分析

资料收集和分析是设计过程中重要的一环，摸清设计的现状，是设计开展的出发点和依据。与借景设计相关的资料收集应力求全面，并紧紧围绕借景的核心矛盾展开，之后需对这些分散、片段的信息进行筛选和综合分析，得出支撑借景设计决策的结论。借景资料收集和分析是整个园林设计资料收集与分析环节中的一部分（图6-6）。

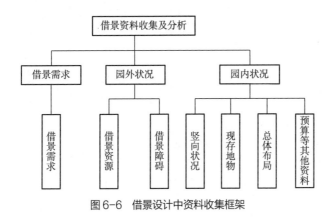

图6-6　借景设计中资料收集框架

借景设计相关资料可通过业主的途径获取，也可以通过走访问卷和文献查阅的途径获取；此外，应对用地及周边环境进行详细的现场踏勘，以获取现场真实的体验。在资料收集过程中应特别注意借景需求、借景资源、借景障碍、园内竖向和平面资料、场地所在地区的相关规划等资料。这些资料集齐后，应进行一定的归纳，使资料条理清晰、明确，并将尽可能多的信息汇总到一起，进行综合的借景分析，在分析中应注重以下几个方面：

园林业主或使用主体的合理需求是设计目标中重要的组成部分，其中关于借景景象的偏爱和要求是指导借景设计的重要依据，影响从借景选址到借景细部方案设计的全过程，是借景资料收集与分析的首要内容。如我国已故著名作家周瘦鹃在苏州的"周家花园"，临近"双塔"（图6-7），他曾言："开出后门来，一抬头就可望见它们，还是不知足"[33]，于是便在园内挖池堆山，在山顶构六角亭，"站在亭子里，透过条条绿柳，饱览双塔的容颜，这才感到非常满足。正如他自己所说：'从此我不需开门，也可在这亭亭（六角亭）里随时和双塔相见了'[33]"。园主有时无法清晰地表达对借景的具体需求，这时就需要设计师依据自己的经验在沟通中给予确认，如是否希望园林视野开阔、舒展，期望获得登高远眺的视觉效果等。对于委托方提出的想法，设计师也要基于专业经验进行分辨，帮助其舍弃不切实际的借景要求。如一些借景需求代价过高，或会对园内布局带来极大的困难，这时应该果断舍弃这些借景需求。

图6-7 苏州双塔（吴怀玉 摄）

借景景物的属性是借景设计的核心依据，这些属性直接决定借景设计方案，因此收集这些资料是借景设计前期准备工作中最为重要的内容之一。通常需要收集的借景景物资料包括景物的面貌、数量、方位、高度、尺寸、距离等。对于一些特殊借景景物，如一些虚景，需要收集其运动变化规律的资料，如借景夕阳，需要收集太阳落山方位变化的范围，如冬至日和夏至日太阳落下的方位角、春分日或秋分日的太阳方位角等，才能据此组织借景主视线的方向等。搜集到大量潜在借景景物，并非全部适合借入，需要对初步选定的借景景物进行分析筛选，主要在景观品质、借入难度和对园内可能产生的影响之间进行定量预估和综合分析，并与园林的整体立意、投资预期、园内造景的设想、现有技术条件等内容进行对照。选定景观品质高、借入难度不大、易与园内造景协调的景物，作为最终确定的借景景物。

借景设计前还需分析借景实现的障碍有哪些。借景障碍分为两类，一类是借景观赏点与借景景物之间的可视障碍物，如一些植物、建筑物、围墙等，这类障碍物有些位于园内，有些位于园外，园外障碍物通常无法移动或改造，而园内障碍物存在改造或移动的可能。另一类借景障碍是园外景观品质拙劣，或与园林环境氛围冲突的景物，也就是《园冶·兴造论》中所述"俗则摒之"的景物，"弃景"的资料也是借景资料收集的重要内容之一。这两类借景障碍都是借景实现的不利条件，需要收集它们的面貌、位置、方向、高度、尺寸和距离等资料，据此才能开展消除这些障碍的借景设计。

园内详细的竖向和地物状况同样是借景设计中必不可少的资料，尤其是园内整体地势状况、制高点的高度和位置、园界的高度、现状建筑物的高度和位置、保留景物的高度和位置、水体的常水位高度和位置、园址的平面尺度等。此外，园林的整体立意和定位、园内造景的整体设想和布局、园内交通构想、功能布局、使用对象、投资预期等也都是借景设计需要结合考虑的重要内容，需要在设计开始前或过程中及时收集补充。

通过借景资料收集和分析，可以初步选定借景景物、园内适合借景的区域，为下一步借景立意构思、借景策略确定和借景方案深化等提供依据。

6.3　借景立意构思

"立意"是对艺术作品饱含主旨情思的意象（意境）的总体构思。"立意"对艺术创作设计极为关键，有关借景的"立意"内容是园林"整体立意"的组成部分，应根据个体园林借景条件的优劣，结合园林造景，综合构思园林的整体意象。

"借景立意"指园林整体立意中有关借景的部分，其主要围绕选定的"借景景象"展开构思，要抓住景物核心的、最突出的景观特性和心理感受，主要围绕"借景景物如何以较佳的效果于园内呈现"展开，在心中反复地酝酿，最终构思出主题鲜明的借景意象。另外，借景立意要依据园林整体立意展开，与园林整体立意保持一致。如司马光的"独乐园"希望表达"简素独善"的"独乐"之意，不同于王公大臣"与少乐乐，不如与众乐乐"的"众乐"，也不同于圣人"饭蔬食饮水，曲肱而枕之"的"贫寡之乐"，其追求的是"鹪鹩巢林"的自安之乐（见《独乐园记》）。追随他在洛阳住了差不多十年的助手，著名史学家刘安世说他"自伤不得与众同也"，代他说明了这样题名的心曲[46]。"自伤"这里应指主动与名利富贵之乐自我隔离，反映了独善其身之意。司马温公自记其在园内"处堂中读书……投竿取鱼，执衽采药，决渠灌花，操斧剖竹，濯热盥手，临高纵目"[46]，归纳起来有读书立言之乐、师圣友贤之乐、园艺休闲之乐等。因此，园内景象应力求简单、朴素、疏朗、平淡的效果，全园仅二十亩，舍弃宏山大水、光鲜景物，无处不简拙，无处不素小，李格非在《洛阳名园记》中对园内景象评述道"卑小不可与它园班"[14]。为符合园林"独乐"的整体立意，在园林借景中也追求自然朴野之趣，而避免繁华壮丽之景，"洛城距山不远，而林薄茂密，常若不得见，乃于园中筑台，构屋其上，以望万安、镮辕，至于太室，命之曰'见山台'"[46]，而"见山台"借景的立意也正如司马光在《独乐园七咏·见山台》一诗中描述的那样"吾爱陶渊明，拂衣遂长往。手辞梁主命，牺牛惮金鞅。爱君心岂忘，居山神可养。轻举向千龄，高风犹尚想"。独乐园借景园外朴野山景，而避开了壮丽繁华的洛阳城景，保证了借景立意与园林整体立意的统一。

6.4 借景策略确定

"设计者，为了达到设计目标，也必须应用各种不同的设计策略[47]"。"借景策略"是指从借景的全局出发，抓住借景的主要矛盾，得出整体性、关键性的方案纲领。在借景策略中，最重要的三项内容是确定核心景象、借景观赏点的位置和借景的方式。

确定核心景象是借景设计的依据和基点。通过前面借景选址、借景资料收集与分析、借景立意构思等几个阶段，基本可以确定借景景象。此外，还需确定借景画面中其他核心的景象要素，尤其是作为近景的园内核心造景景象，如杭州西湖景点"平湖秋月"（图6-8），在借"月"的同时，"平湖"和"桂花"等也是借景画面中核心景象之一，与当空之明月一起形成了"万顷湖平长似镜，四时月好最宜秋"的整体借景效果。确定了核心景象，才能开展详细的借景设计。

图6-8 杭州西湖"平湖秋月"（岑诗雨摄）

园内观赏点及区域也是借景设计中极为关键的因素，确定了观赏点的位置，借景设计的"另一端"也就确定下来，观赏点与借景景物之间的视线关系也就可以随之确定下来，而这条借景视线的实现方式、借景视线沿途的景象设计也就可以展开。在前几个阶段对借景资料的收集与分析，尤其是在对园内现状资料的分析基础上，综合考虑造景构思、造价等多种因素，最终可以选定适合的借景观赏点。

借景设计需要确定借景的整体方式，指引借景设计的开展，如实借中通过全面综合的分析，需先确定采用"因高借景"的方式，还是"构建园内深远的借景视廊"，或者采用"边界透漏"的方式。只有这些带有全局性的借景方式确定后，才能使借景设计沿着明确的方向开展。在具体的借景设计中，可采取一种借景方式，但通常是采用多种方式的组合。如在抬升观赏高度的同时，在园内开辟出深远的透视线，并在园界处保留一些开口将园外景色引入园内。

6.5　借景方案深化

深化方案是立意构思的具体化，是对借景总体设想充实、定位、定量、定形的设计过程，主要借助平面、剖面、立面、模型等形式分析和记录深化的过程和结果。"如果设计方案只有良好的整体把握却无局部的完善处理，也只能是一个粗糙的成果"[48]，因此深化过程是设计中极为关键的一环，对借景效果极为重要。

借景空间是深化设计的重要内容，首先要根据立意和园林总体设想确定借景空间的结构、界面形式、空间形态、开合和朝向等内容；其次需要深化设计借景的景观结构、景观序列、视线体系、色彩关系、光影关系、听觉味觉景象等内容；此外，尺度比例关系也是借景方案深化的重要内容，从整体空间尺度和比例一直到单个景物的尺度和比例关系都应该仔细斟酌，尤其是园内空间和景物与借景景物之间的比例关系应该协调一致；最后，由于园内相关山、水、植物、建筑、道路等节点的细部设计也会对借景效果产生较大影响，与借景相关的造园要素的细化设计也需进行周详的考虑。

6.6　"虚借"设计的过程

传统园林"虚借"主要有两种途径："借纳视觉外其他感觉景象"和"符号固化心理景象"，这两种途径的设计过程有所区别。

第一种途径的设计过程与实借设计过程相同，也需经历上述借景选址、资料收集与分析、借景立意构思、借景策略确定和借景方案深化的过程。如"声借"中也需先选择有声景可借的园址。进而对"声景"的状况进行收集和分析，如声源、远近、大小、时间、频率等内容，找出声景运动变化的规律及其核心的景观特性，之后要根据这些声景的特性构思立意，在什么样的环境下欣赏这些美妙的声景，生发出怎样的意境，用以指导声借设计的展开。接着要确定声借设计的策略，如园内赏声的地点及环境中核心的景象元素等。最后要根据之前的分析、立意和策略，展开"声借"方案的深入设计。

然而"符号化虚借"方式的借景，其设计过程与其他借景方式存在较大的差异，这是由方式本身的特性决定的。类似楹联、题刻等语词符号，其形成的过程有先有后，有些在园林建设之前、在园林设计之初就已谋定，有些则在设计过程中逐渐清晰而固定下来，还有一些是在建成之后才增补形成。如明代吴中名士朱存理十分喜爱自家外隔溪对望的两棵参天松树，将自家中隔水望松的一座楼阁命名为"见松阁"，后来为避暑干脆"携书一束、琴一张、酒一壶、竹床石鼎，偰二松之下而居之"[25]，并在松下建小轩读书会友，其友水云道人作诗相赠"小楼未足登高咏，佳菊那能致远函。聊偰一轩松下住，野夫自喜为题衔"[25]，其好友黄德为之作大篆"偰松轩"三字，作匾悬于轩中。古时园林落成后邀好友、名士为园景命名、赋诗之风十分普遍，又如《红楼梦》中记载大观园落成后，其园内景名亦赖众人之力而成。这样虚借景象（利用语词固化心理景象）的创作过程需创作者深刻观察体会园林现有景象，然后受现有景象的激发，在胸中构思、创作新的意象和景象，之后选取恰当、准确的语词将创作的心理景象通过景名、楹联等形式固化为园林景象。

借景设计需要整合大量信息，解决大量的矛盾问题，因此需要按照设计普遍遵循的程序规律，遵循相对科学的设计程序进行，否则不仅会降低设计效率，而且会影响设计效果。借景设计的过程中每个步骤都是一个环路，步骤之间也常有反复，但是总体开展的过程是按照上述五个环节与园林设计同步展开的。

第 7 章

"实借"设计

"视觉景象"是园林景象系统中最主要的构成类型，"实借"也是园林最主要的借景景象，因此应该深入地分析针对园林中"借纳现实视觉景象"的相关设计，即园林设计中的实借设计。前文已经分析，借景设计首先需要选择合适的景物，其次使这些景物于园内可见，最后需使这些景物在园内完美和谐地呈现。这三个步骤可分别称为"择景设计""借入设计"和"呈现设计"，这些也是实借设计的主要内容。

7.1 择景设计

"择景设计"是指选择合适的借景景物，并确定借景景物视觉上借入的部分，以及借景景物之间的组合方案的设计。择景设计通常是实借设计的第一步，尤为关键，择景的优劣直接关系到后续设计，也从很大程度上决定了借景的最终效果。选"好"景物并非易事，需结合园林总体需求和整体状况综合考虑多方面的因素。

7.1.1 择景的主观条件

人的审美素养存在一定的差异性，对景象的敏感程度也不同，适合的心境和对景物较高的审美欣赏、洞察能力是择景设计必须具备的主观条件。如李渔在《闲情偶寄》中的论述"若能实具一段闲情，一双慧眼，则过目之物，尽在画图；入耳之声，无非诗料"[16]，园林择景也需具备一定主观条件。"秀山丽水"之美，普通人都能感觉到，但这些景象并非处处都有，园外几株枯木，檐下几只跳雀，都有可能成为景致，皆可借景入园。发现显而易见的美景较为容易，关键是能否于细微处发现触动心灵的"美景"，这样才能使借景景象丰富起来。

拥有一双"慧眼"，需具一段"闲情"。"心境"对人观察事物的结果影响极大，心境是指"人持久的情绪状态"[29]，是一段时间内人的基础情绪状态，具有"弥散性"，会"以同样的态度体验对待一切事物"[29]。在烦躁、悲观的心境下，多数人没有心情去欣赏风花雪月，此时很多目视的景物不仅不能引起主体的审美注意，欣赏者甚至会对美景产生厌恶的态度，也就无法"择景"。因此心境是择景的"情绪准备"，在择景时保持轻松、愉悦的心境，不急不缓，细细品味和构思现有景象，对择景结果十分重要。

练就一双"慧眼"，需具备对景物较高的审美能力。审美欣赏和创造能力取决于个体的审美心理结构，而审美心理结构的提升需要反复的艺术实践，积累丰富的审美经验。因此要想充分发现景物之美，尤其是对环境和景物的美学认识，需要反复揣摩、玩味景物，需要长久地欣赏环境和创造实践，只有这样充分地挖掘出丰富的借景景物，才能巧妙地组合借景景物，才能感染欣赏者。

7.1.2　择景的标准

"择景"究竟按照什么样的标准进行呢？计成在《园冶·借景》中给出了明确的结论"触情即是"。计成抓住了园林艺术"情（意）—景（言）"的本质结构，使"择景"超脱了具体形式标准的局限，避免了细化、具体化的标准对景物选择的限制和妨碍。"触情即是"直接指明了择景的最高标准和本质需求，即园林借景应选择能够真正触动心灵的景象。

根据上述标准，在择景时应该从内心真实的情感感受出发，在不同的时间、状态下，反复探析现状景象，抓住触动内心情感的时刻，分析其景物和景象构成的元素，评估其作为借景景物的可能和方式。发掘"触情之景",不能仅限于当下之景,而应该关注到各个时段,只要能够借入触情的景象,如雨、雪、虫、鸟等,都应成为择景的对象。目前研究中关于"触情即是"的阐释较多,本书不再赘述。

7.1.3 因地择景

怎样才能达到"触情"的标准呢?计成在《园冶·借景》中指出:"构园无格,借景有因",即要进行"因借"。"因"与"借"是计成归纳的传统园林中两个核心范畴,二者之间有着紧密的联系,从另外一个层面理解,"因"是园林设计的基本原则,而"借"是园林最重要的景象构建方式,因此"借"需有"因"。

"因"在《园冶》中给出了具体的解释:"因者,随基势之高下,体形之端正,碍木删桠,泉流石注,互相借资",这里"因"强调的是因"地"之宜,"因借"首先是指"因地而借";另外,计成在提出"借景有因"后,紧接着指出"切要四时",强调"因时而借",从《园冶》来看,"因"指"因地"和"因时"两方面,"借景有因"是指因地、因时借景。只有这样,才能达到"触情"的标准。

"地"在《园冶》中是一个广域的概念,并非仅限于园林基址,而是指园林用地及周围一定范围内环境的总和。"因地择景"是指从用地的整体环境特征出发选取借景景物,因此应该首先抓住场地所在环境中的特征景象,在择景中做到突出重点,突出特色,使整体用地环境中核心的景象元素成为借景的主体。如园址位于"江湖地","水"应成为借景的主题,"悠悠烟水"以及其中的泛泛鱼舟、闲闲鸥鸟、深柳疏芦组成的景象是借景的核心,其他不太起眼的借景景象则应作为借景的辅助景象。在"因地择景"中比较明显的山、水等借景要素容易发现,而一些细微的借景资源容易忽略,需要在园址确定的基础上,多次详细地踏查、评价，充分挖掘可供利用的借景资源。在充分挖掘借景景物的同时，针对大量借景资源，需要进行甄别取舍，一些景观品质不高、借景难度较大的景物应该首先舍弃。

7.1.4　因时择景

"因时择景"是景象选择中另一重要方法。"时"即"四时"，指一年之"春、夏、秋、冬"，也指一日之"朝、昼、夕、夜"，"四时之景"是指随着时间序列不断变化的景象。"因时择景"要求根据景象随时间运动变化的规律，选择其中的典型景物。

"因时择景"非常重要，因为运动变化的景物更能引起人的兴趣和注意，而只有被"注意"到的景象才能进入审美心理活动。环境中大量的刺激信息并非全部进入人的心理活动，其中大部分信息在认知中被屏蔽排除掉了。使人的心理活动集中于某些环境信息上，这是审美心理活动的开展的重要条件。根据心理学的研究，具有"新异性"和"运动变化"的外界刺激物更能引起人的注意[29]。人长时间面对同样的景象，会产生视觉上的疲劳和审美上的厌倦感，这时突然出现"新奇"的、"差异性"的景象时，人的精神往往会为之一振，兴趣随之而来，注意力也会转向"新异"的事物，如炎炎夏日，烈日当空，突然乌云密布，暴雨骤至，突至的雨景具有极大的"新异性"，下雨自身也是带有"动感"的，人自然而然会将注意和兴趣转向雨景。

由此可知"因时择景"的关键在于选择随时间序列变化的景象中，具有"新异性"和"代表性"的优美景象作为园林借景的景物，这与计成根据自己长期的审美经验，总结出的"摘景偏新"的原则完全吻合，因此"因时择景"的关键就在"摘新"。《园冶·借景》中还例举了很多"摘新"的景象，如春季"卷帘邀燕子，间剪轻风。片片飞花，丝丝眠柳；寒生料峭，高架秋千；兴适清偏，怡情丘壑。顿开尘外想，拟入画中行"。夏天"林阴初出莺歌，山曲忽闻樵唱，风生林樾，境入羲皇。幽人即韵于松寮，逸士弹琴于篁里……山容霭霭，行云故落凭栏；水面鳞鳞，爽气觉来欹枕"。秋天"梧叶忽惊秋落，虫草鸣幽。湖平无际之浮光，山媚可餐之秀色。寓目一行白鹭，醉颜几阵丹枫。眺远高台，搔首青天那可问；凭虚敞阁，举杯明月自相邀"。而冬季"恍来林月美人，却卧雪庐高士。云冥黯黯，木叶萧萧。风鸦几树夕阳，寒雁数声残月。书窗梦醒，孤影遥吟；锦幛偎红，六花呈瑞"。

计成列举的上述景象中"借景的辅助景象"（见前文）在四时之景中起到独特的作用，为园林景象增加颇多情趣。景象之所以会随着时间出现变化，其原因来自于两个方面，一是"借景的景象要素"在随着时间周期变化的环境因素影响下，自身面貌发生了变化，如作物四季更替的农田、枯汛交替的湖泽等；二是在"借景的辅助景象"作用下，借景景象的面貌发生了变化，如一场大雪后白雪皑皑的山峰，清晨雾气袅袅的湖泽等，同样的山峰和湖泽，由于借景的辅助景象的作用，其面貌发生了极大的变化。

借景的辅助景象在"择景"中容易被忽视，这就要求在实借景象选择时，一定要重视"借景辅助景象"及其作用，如借景佛塔，东西朝向较好，早晚霞光下的佛塔更加动人，而南向借塔最差，看到的多是阴面，中午则近乎剪影，其他如月、雪、雾、灯光、各种动物等，都能为园林借景景象带来灵动，使园林鲜活起来。

7.1.5 个体景象的裁剪、组合

因地、因时择景，也仅是初步的"择景"，在确定借景哪些景象后，仍需进一步明确个体景象具体的借入部分，并使借入景象组合起来成为一个完整的景象体系，才算完成了择景设计。

　　具体到景象个体，很多时候不会将其全部借景入园，只会借纳其中合适的部分，这需要一个景象裁剪的构思过程。因为一些景物只是局部比较优美，其他部分较为凌乱、甚至丑陋，不可全部借入；或因为一些现状条件的限制，无法将全部景象都借入园内，如山脉过宽过长，不能全部借入。由于诸多"不可"和"不能"的原因，必须对景象个体进行"去粗取精"，真正做到"俗则屏之，嘉则收之"。如瘦西湖中著名的景点"吹台"（图 7-1），通过巧妙的构思，利用"月洞门"将其他之景裁掉，只择取姿态优美的"白塔"和"五亭桥"，并将其巧妙地组合在一起，借景极为精致。景象裁剪的取舍，不能停留在模糊的状态，必须十分明确，需要确定一些关键的"借入参照点"，其内是借入的部分，其外是舍弃部分，如远借山脉，可以选择其中一些山峰、山谷等显著的节点作为参考点。明确这些"借入参照点"，才能为下一步"借入设计"奠定定量分析基础。

图 7-1　扬州瘦西湖"吹台"借景"白塔"及"五亭桥"（引自《瘦西湖》）

　　在"择景"的过程中，还应考虑借景景象的组合问题，通过富有意趣的组合，使借入的"个体景象"组成一定的"景象系统"，从而加强和优化借景景象的审美体验。如在具体组合构思中，可以择取同类的景物组成"主题"鲜明的景象系统。扬州瘦西湖中著名的景点"四桥烟雨"，选择园外 4 座不同的桥梁组成"桥景"，《扬州画舫录》中记载"'四桥烟雨'园之总名也。四桥也"[49]。乾隆十分喜爱此景，多次游赏，并曾赐名"趣园"。"登楼四望雨潇潇，法海莲花争画挠；玉版春波逐烟失，长春南接古红桥。"这首竹枝词就是描写四桥景色。在择景组景的过程中应注意做到主题突出，意象统一。

实借中景象组合变化极为灵活，无定式，需要在实际择景设计中根据现实情况灵活运用。但是景象"裁剪"和"组合"确是必不可少的借景设计内容，需要根据经验，悉心构思。当逐一明确了个体景象具体的借入部分，并将其构思成为完整的景象系统，这样才最终完成"择景设计"的全部内容，为下一步的"借入设计"奠定了基础。

7.2 借入设计

"借入设计"主要为"实现借景景象在园内呈现（借入或纳入）的设计"，其目标是实现选定的借景景象于园内的"可见"，其设计的成果通常需确定景物借入的部分、观赏点（区）的位置和设计高度、借景视廊的园内设计长度和宽度，以及借景视廊园内尽端障碍物的高度等内容。借入设计主要包括借入条件分析和预判、竖向借入设计和水平借入设计等内容。

7.2.1 克服视觉障碍的 3 种方式

实现景物的借入，需要克服园林内外视觉障碍的影响，才能建立观赏点与借景景物之间的视线。传统园林中克服视觉障碍的方式主要有 3 种。第 1 种方式是"因高借景"，即升高观赏点的高度，使视线跨越障碍物，看到园外景物，传统园林中常借助山体和楼阁等高大建筑实现，如清漪园"昙花阁"等；第2种方式是"延长园内借景视廊"，较长的园内视廊，使视廊尽端园内景物的视角变小，从而减少园内景物对园外景物的遮挡，使园外景物显露出来，如拙政园借景北寺塔即采用这种方式；第3种方式是"边界透漏"，或直接消除园界围合物，或通过构筑物中的窗、洞、假山缺口等形式，沟通园内和借景景物之间的视线，如圆明园"坦坦荡荡"景点内假山设一豁口，使后湖东岸的"天然图画"能够透过假山豁口借景颐和园万寿山整个后山及佛香阁（图7-2）。上述3种实借中克服视觉障碍的方式在实际应用中十分灵活，通常结合使用。

图7-2　圆明园"天然图画"透过湖西岸假山缺口借景万寿山

7.2.2　借入设计的前期分析和预判

"借入设计"是在现状条件分析和"择景设计"的基础上，开展"借入条件"分析和设计，预判出"借入的初步方案"，以供下一步设计中进行修正和细化设计。

进行"借入条件"分析，需要园内外相关景物的高程、距离和角度等资料，主要包括借景景物高程、借景景物方位、借景景物与园址之间的距离、视觉障碍物的尺寸和距离、园内高程、园址的平面尺寸等现状资料，同时还需"择景设计"中确定的借景景物的借入部分和"借入参考点"等资料。这些是借入设计分析中的基础性材料，需尽量准确地收集整理，并将这些数据落实到平面和立面等分析图中。

　　通过对上述资料和数据的综合分析，应首先"初步预判"园内大致的"借景观赏点"和"借景方式"，然后根据预判设定的"借景景物""园内观赏点"两端的情况，以及初步分析确定的"借景方式"，分析设计借入的方案，即确定观赏点及借景视廊的方案（图7-3）。借景景物一端是恒定的，其高度、距离和方位都是固定不变的，而设计的另一端"观赏点"则需要设计师根据现状情况进行分析预判，如园内地势较高的区域利于因高借景，又如选择临近借景景物的园内区域不受园内景物的视觉障碍，且在这些区域设立观赏点对园内景观和空间布局的影响最小，适合采用"因高借景"和"边界透漏"两种方式对外借景，此外还可分析评价相对于借景景物的园内"远点"区域，这些区域因有足够的园内距离，存在采用"延长园内借景视廊"的方式对外借景的可能，如拙政园"梧竹幽居"、寄畅园"环彩楼"的选址等。只有预判出了借景观赏点的大致位置，才好据这些位置的高程和距离计算预判出可行的借景方式。

图7-3　"借入设计"的预分析模块

　　在初步判定了借景观赏点的位置后，需要综合借景景物和借景观赏点的相关信息，如距离、高差等，构思采用哪种借入的方式。通常情况下，园址较小、借景景物距离较远、借景景物为河湖和农田等低矮的景物时，较易采用"因高借景"和"边界透漏"的借景方式；而对于园址较大，借景景物为山峰和佛塔等高耸景物的情况，可以考

虑采用"延长园内借景视廊"的方式;而对于地势足够高
的观景点,则应主要采用"因高借景"的方式。采用何种
方式对外借景,除要考虑借景"两端"的因素,还要综合
考虑其他造园因素,如造价、工程量、技术难度、对园内
造景和生态环境的影响等。

　　经过借入设计的"前期分析和预判",收集了关键
性数据,初步选定了借景观赏点位置和借景方案,还需要
经过"竖向借入设计"和"水平借入设计"两方面的修正
和定量细化。

7.2.3　竖向借入设计

　　园外的借景景物要在园内的视觉画面中出现,需要
保证"竖向"和"水平"两个视觉维度上可见,即视觉画
面中"从上到下"和"从左至右"实现景物的可见。因此
"借入设计"可从这两个维度展开。

　　从"竖向"维度上实现景物在园内"可见"的定量
设计称为"竖向借入设计"。其中"借景观赏点"和"园
内借景视廊"是设计的关键,需要足够高的观赏点、足够
长的园内视廊,或视廊中园内尽端景物足够矮,这样才不
至于遮挡借景景物。因此"竖向借入"关键是借助图纸计
算借景观赏点的确切位置、借景观赏点的高程、园内借景
视廊的长度及其尽端景物(借景障碍物)的高程等。

　　通过前文的分析可知,"竖向借入"设计关键是计
算并设计"借景视廊"和"观赏点"的多个尺度因子,这
些因子之间存在一定的几何关系,可借助简单的计算确定。
如借景设计为图 7-4 中所示的借景关系——仰借,设定 H
是借景景物与观赏点的高差,h 是借景视廊尽端景物(借
景障碍物)与观赏点的设计最大高差,A 是借景景物与观
赏点的水平距离,a 是借景视廊尽端景物(借景障碍物)
距观赏点的水平距离,n 是景物借入部分 h_1 与 H 的比值(设
计中预估景物借入的比例),由此根据几何定律,可知 $H\text{-}h_1/$

$A=h/a$，而 $h_1=n \cdot H$，可推导出借入计算公式为（$1-n$）$H/A=h/a$，此时 $n < 1$。

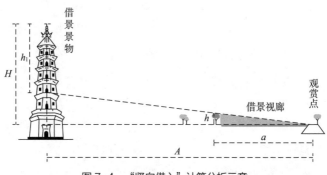

图 7-4 "竖向借入"计算分析示意

正如设计本身是一个包含很多影响因子的多元函数一样，"竖向借入"设计也需依据相应的分析公式平衡多个变量。当观赏点位置和景物借入部分初步选定后，公式中的 H、n、A 的值就确定下来。接下来需要调整平衡 h 和 a 两个变量，这两个变量是园内借景视廊的关键因子，较大地影响了借景景物的"竖向借入"。园林个体场地条件差异很大，需根据场地的实际情况综合考虑多方面的因素，设定 h 和 a 的数值。当无法平衡 h 和 a 时，则需要调整之前预判的借景方案，如调整借景方式、调整观赏点高度和位置，甚至减少借景景物借入的部分，然后再进行论证和精确计算，直至得出适合的 n、H、A、h 和 a 值。当上述五个函数值确定后，就能最终推算确定：借景观赏点设计高度及位置（与借景景物的水平距离）、园内借景视廊的设计长度及其尽端景物（借景障碍物）的设计高度。

又如当俯借农田、河湖等水平的借景景物时，要保证其可见，关键是保障景物最近点在俯借中可见。同样设定景物最近点与观赏点的高差为 H，园内借景视廊尽端景物与观赏点的最大高差为 h，景物最近点距观赏点水平距离为 A，园内借景视廊尽端景物距观赏点的水平距离为 a，根据几何学原理，可推导出借入计算公式为 $H/A=h/a$。

经过"竖向借入"设计，能够确定借景观赏点的高度、距离借景景物的水平距离、园内借景视廊的长度和尽端景物（借景障碍物）的高度。这些关键尺度保障了借景景物在竖直方向上于园内的可见，是下一步设计的依据。

7.2.4　水平借入设计

要保证园外景物在园内完全呈现，除了"竖向"方向，还需实现"水平"（横向）方向的借入，而这主要与园内借景视廊的宽度有关。只要借景视廊保证一定的宽度，就能保证景物设定的部分在"水平"（横向）方向全部借入，因此"水平借入"设计的关键就是确定借景视廊的平面范围和宽度。

确定借景视廊的平面范围，采用图示分析的方法最为简单。根据前面选定的观赏点位置，以及借景景物横向"借入参考点"（择景设计中确定），将这些点落实在平面图中，它们之间的连线构成的范围就是借景视廊所需的平面范围及尺度，图示的借景视廊区域在园林设计中尽量不要布置遮挡的景物，从而保证借景景物横向的借入。

综上，经过"竖向借入"和"水平借入"的设计，定量地确定了借景观赏点位置和高度，园内借景视廊的平面范围、长度和尽端景物（借景障碍物）的最大高度，将这些设计要求落实到园林之中，就能保障借景景物适合的借入部分于园内的完全呈现，即实现了景物的"借入（可见）"。

7.3　呈现设计

完成了"借入设计"，实现了园外景物于园内"可见"，并非借景设计的完结，只有将"借入"的景物于园内"协调、完美"地呈现，才算最终完成了借景设计。因此依据借入景物的景观特性，协调整合园内相关景物，以实现借景景物完美呈现的设计可称为"呈现设计"，是整个借景设计中的核心内容。呈现设计需注重立意、景观结构、空间设置、尺度比例、细部设计等方面的相关设计。

7.3.1　立意上的呈现设计

"立意"是对艺术作品饱含主旨情思的意象（意境）的总体构思。对于借景资源优越的园林来讲，借景景象是园林作品创立的整体意象的核心组成部分，是意象生发的源点之一，也是意象创立的基点之一。对于这类园林，应将借景景象作为园林意象构建的主导要素之一，保证与之相关的园内造景与借景景象在意象确立中的协调统一，并烘托优化借景景象的呈现效果。

在立意阶段，应注意依据优质借景景象构思园林整体意象。如园林周边有不错的山体可以借景，园内可尝试营造与之呼应的假山体系，仿佛园外真山的余脉，使园林形成强烈的山林氛围；如园外真山是土质，园内假山最好也为土山或土石结合；如园外借景真山山势平展，则园内假山山势也要追求平远，保持统一；如园外真山意境"苍茫"，园内假山营造时也应具有相似的意境特点，从而形成协调一致的整体园林意象。实例中，寄畅园内假山处理十分巧妙，顺应园外惠山走势，并保证了"意象"的整体性，使惠山仿若园内之物。

实现内外景象立意的协调，还应注意园外相关景物的设置应能烘托提升借景景象的呈现，共同营造主题鲜明、意蕴深厚的借景效果。如传统园林中借"月"时常配以"水"景，水面能够产生月亮的倒影，还能够反射月光，使整个水面都被照亮，在四周漆黑的夜晚形成强烈的明暗对比，如避暑山庄中"月色江声""云帆月舫"等赏月景点都位于水边。借"月"通常还要求四周环境较为安静或仅有微声，较为安静的环境更契合"明月"的审美意象，而一些灵动的微声使环境更显幽静，而太嘈杂、躁动、过亮的环境都不太适合借"月"玩赏。因此借景景物的呈现需要与园内景物相契合，才能最终实现完美的借景效果。

总之，景物实现了借入后，就要精心思考借景景物以怎样的面貌呈现，晋代书法大家王羲之在《题卫夫人笔阵图后》中提出"夫欲书者，先干研墨，凝神静思，预想字形大小、偃仰、平直、振动，令筋脉相连，意在笔前，然后作字"，这里强调的"意在笔前"就是强调在动笔之前预想设定好作品中一以贯之的气韵，并构思设想好艺术作品的整体意象。借景设计亦如此，整体意象围绕借景景物展开，需要构思设计与之相协调的园内景象，才能形成气韵统一的借景效果。

7.3.2　景观结构方面的呈现设计

景观结构是园林设计构建过程中的核心内容之一，借景景象的呈现不仅依赖于园林景观结构上的相应设计，而且会深刻影响全园景观结构的布局。借景景象与园内景物之间应该建立一定的景观秩序，组成统一的景观系统，否则众多的个体景象之间会杂乱无章，借景景物就无法完美地呈现，因此协调内外景物使之整合于统一完整的景观结构之内是借景设计的重要内容。

"实借"中应依据借景景物的状况，协调好内外景物的主次关系和显隐关系。既要综合考虑各方面的因素，在整体园林景象系统中处理好借景和造景的主次关系和整体布局，也要在局部园林借景中做到内外景象主次分明。在借景资源较为优越的园林中，应注重突出借景景象，并引领园内的整体布局，如北京后海旁的"英国公新园"，全园仅一亭、一轩、一台，园内景象极简，但借景极多，西山、后海、邻园、稻田、景山、民居、银锭桥等都在仰俯之间，全园以借景景象为主景，丰富动人。

在园林"实借"设计中，借景设计会深刻影响园林的整体景观结构，有时又能够形成有趣的借景序列。如颐和园的东西向轴线就是依托于西山和玉泉山等构建起来，与园内万寿山统领的南北向轴线形成了协调统一的景观结构。又如拙政园借景北寺塔的案例中，通过梧竹幽居与园外北寺塔的借景视廊构建了全园东西向的主轴线，同时将很多景点隔水南北向布置，形成了一系列南北向轴线，丰富了借景景象的层次，使园林整体形成了极富趣味的景观序列。

园林"实借"中视觉景深通常较大，应善于利用园内景物烘托、呼应园外景物，形成"分明"和"丰富"的景观层次关系。如"三潭印月"中，由"闲放台"透过潭中东西横堤上的平板小桥形成的空隙，可以远借到西南山峰，平展的堤岸和小桥不仅丰富了借景层次，而且与高远的山峰形成了恰当的对比，使山势更显高耸（图7-5）。又如无锡寄畅园中"环彩楼"远借锡山及龙光塔的视廊中，夹峙突出的岸矶（鹤步滩）和建筑（知鱼槛）形成了完美的中景，层叠绵延，意境深远（图7-6）。借景视廊需要丰富的层次，但应该掌握好节奏，不能使景物过于"粘连"，应使虚实结合，层次分明，否则就会陷入混乱、繁杂的境地，不仅无益，反而损害借景景物的观赏效果。

图 7-5 杭州"三潭印月"内"闲放台"借景远山（岑诗雨摄）

图 7-6　寄畅园"环彩楼"借景锡山及龙光塔（黄晓摄）

7.3.3　空间设置方面的呈现设计

实借中，无论是因高借景还是园内借景视廊，都会对园内的空间布置产生一定的影响，因此需根据借景景象呈现效果的需求协调组织园内空间。实借景物所处的方位决定了园林借景的主要朝向以及借景景点所在空间的开合，而处于对外借景视线上的景点与园外景物的景象关系，则影响着这些景点的空间设置，如有些景点会干扰借景效果，则应处理为封闭的内向空间。如圆明园"九洲清晏"景区内，环绕湖面的九个景点中，只有东岸的"天然图画"和位于正位的"九洲清晏"朝湖面敞开，其余七个景点均用假山围合成封闭的内向空间，这是因为东岸的"天然图画"具有借景西山的条件，而且借景效果极好，处理为面向后湖完全敞开的空间形式（图 7-7）。同时西岸及部分北岸景点中有大量的建筑，不少建筑体量较大，这些建筑位于借景视廊中，如果显现会与西山自然风光相冲突，从而对借景效果造成一定的干扰，因此处理为内向封闭或半封闭的空间单元。相同的空间处理还应用在福海景区中，福海东岸景点全部朝向湖面开敞，以借景西山，而西岸景点同样处理为封闭的内向空间，利用假山围合遮挡西岸的大量建筑，以保证东岸的借景效果（图 7-8）。

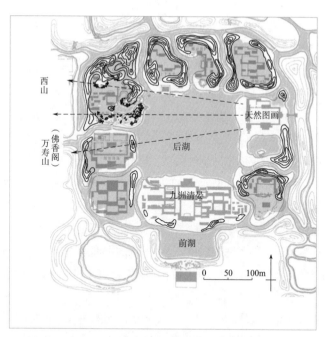

图 7-7　圆明园"九洲清晏"景区空间设置与借景关系分析

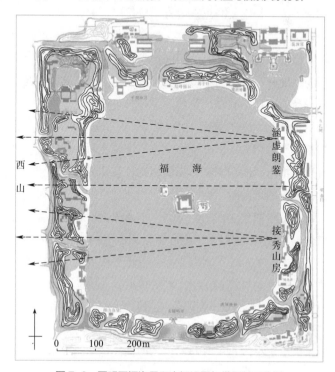

图 7-8　圆明园福海景区空间设置与借景关系分析

颐和园西部的建筑布置也有相同的考虑，《颐和园》中指出"为了不破坏这两处借景画面（西山及红山口）的完整性，在西堤以西都不建置体量过于高大的建筑物"。

7.3.4 尺度比例方面的呈现设计

彭一刚在《建筑空间组合论》中指出"在建筑中，无论是要素本身，各要素之间或要素与整体之间，无不保持着某种确定的数的制约关系。这种制约关系当中的任何一处，如果超出了和谐所允许的限度，就会导致整体上的不协调"[50]，园林审美和设计中同样遵循这个准则。尺度和比例给人的感受虽然不如形状、色彩显著，但却能够很大程度上影响审美的体验感，尺度比例关系的协调能够在"局部之间以及局部与整体之间，建立起一套具有连贯性的视觉关系"[51]。

园林借景设计中尤其要关注尺度、比例的协调，这对最终借景效果影响极大。尺度和比例的协调，使处于同一视觉画面内的园内景物与借景景物之间建立起连贯性的视觉关系，否则就会出现内外景象尺度上的脱节，影响借景景物的完美呈现。由于借景景物的尺寸已确定，无法改变，应以借景景物为依据，使园内与借景相关的空间和造园要素的尺度和比例与借景景物相匹配、相协调。这需要在实际设计中通过经验和大量的图示分析进行论证。

颐和园前湖尺度和比例除与万寿山形成协调外，也与西山有密切关系。清华大学建筑学院在对颐和园的整体研究中指出"清漪园在开拓前湖的宽度和纵深，经营岛的位置和堤的走向时，即已考虑到如何最大限度地收摄这个传统的借景对象（西山）"[52]。笔者根据实际考察，发现前湖向东拓展的尺度，确实与完美地收纳西山密切相关（图7-9、图7-10）。图7-9中A点是拓展前岸线位置，从实景照片中可以看出，A点只能见到西山的上缘，玉泉山则全部被西堤（开拓前湖西岸位置）遮挡，而C点是拓展后岸线（现在）的位置，则能够收纳近乎全部的西山，玉泉山、玉泉塔也十分凸显，湖面的尺度与西山尺度十分协调。另根据视觉原理和人的经验可以推断，若湖面再向东拓展，超过 1 公里太多，越过万寿山东麓，西山、玉泉山及西堤在视觉层次中会粘连在一起，层次性变弱，并且湖面尺度过大，会造成其与西山的比例失调。又如拙政园距离北寺塔较远，约 900 米，北寺塔在园内视觉中较弱，于是设置了一条宽 20 余米的线性借景空间，将北寺塔置于视线的尽端，形成了"夹景"的视觉效果，从而使北寺塔形象更为凸显（图 7-11）。借景空间的尺度与北寺塔视觉上十分协调，如果借景视廊设置过宽，那么北寺塔在视觉中就弱化很多，很容易被忽视。

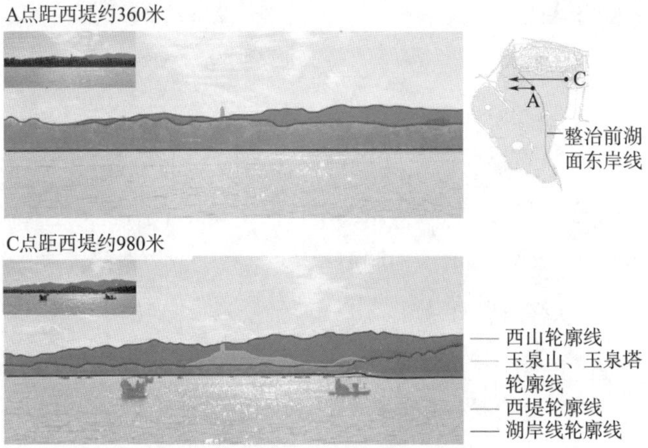

A点距西堤约360米

整治前湖面东岸线

C点距西堤约980米

西山轮廓线
玉泉山、玉泉塔轮廓线
西堤轮廓线
湖岸线轮廓线

图 7-9 颐和园昆明湖尺度与借景西山的可视性分析

图 7-10 颐和园昆明湖及建筑尺度与玉泉山比例协调（引自《颐和园》）

图 7-11 拙政园借景视廊尺度与北寺塔比例协调（吴怀玉摄）

7.3.5 细部设计方面的呈现设计

在"实借"的呈现设计中，造园要素和空间的一些细部设计也会对借景效果的呈现产生重要的影响，需根据借景需要对一些园内造园要素进行巧妙的细部设计。

计成在《园冶》中指出"开径透迤，竹木遥飞叠雉"，从借景角度可以理解为通过对游线巧妙的细部设计，能够创造出十分有趣的借景序列，如《颐和园》中指出万寿山山脊干路的西段与玉泉塔之间存在借景关系，而通过实地考察可以发现，园路的一些细部转折，使下山游线与玉泉塔之间形成了有趣的借景序列（图 7-12）。从山顶的"智慧海"往西，山路平缓，林木浓密，玉泉塔不得见，过云会寺后，山路逐渐下行，道路微微转向偏南，玉泉塔突然出现在道路的尽端，接下来一段山路都可借景玉泉塔，然而在通往湖山真意亭的半途，山路又悄悄转向偏北，玉泉塔看不到了，直到湖山真意亭前，山路才又偏南转向玉泉塔，玉泉山和玉泉塔才正式全部呈现出来，借景景象时隐时现，极富趣味。

图 7-12　颐和园山脊"道路"西段与"玉泉塔"借景关系分析

　　中国传统园林中通常以水面作为借景视廊的底界面，因为水体是传统园林中唯一的"凹"元素，不会形成视觉上的障碍，"水"空旷虚无，柔和静明，能够形成景物的倒影，衬托借入的景物。通过对水体局部的巧妙设计，也能形成内外协调、紧密衔接的借景效果，如颐和园后溪河的西段自买卖街西端转向偏南，从而通过河道形成的视廊借景玉泉塔，水街北侧"嘉荫轩"西院还专门修建了借景玉泉塔的临水敞轩。由于借景玉泉塔，水街的建筑空间与河道自然空间交接的节点形成了富有趣味的转换，玉泉塔也成为引导游人前行的标志物，内外协调一致（图7-13、图7-14）。

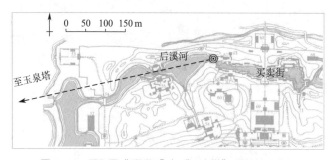

图 7-13　颐和园"后溪河"与"玉泉塔"借景关系分析

图 7-14　颐和园后溪河"嘉荫轩"借景"玉泉塔"

　　园林水体设计中桥、岛、堤等要素根据借景的需求，进行一些局部的巧妙设计，也能形成绝妙的借景效果。如颐和园内十七孔桥、廓如亭和南湖岛之间的位置关系设计十分精妙，与借景密切相关。十七孔桥建于南湖岛偏南，廓如亭又建于十七孔桥南侧，并且昆明湖东侧岸线在此向湖内收，十七孔桥也并没有设计成完全的东西向，而是稍微向北偏转了一些，这样的设计能够使南湖岛和十七孔桥避开廓如亭借景玉泉塔的视线，使廓如亭不仅能够借景昆明湖和西山南部、玉泉塔和玉泉山，而且能借景到西山北部主峰，同时还能够观赏到万寿山前山和佛香阁，而远景玉泉塔和佛香阁位于近景十七孔桥及南湖岛的两侧，画面十分均衡，收景如此，无愧"廓如"（图7-15、图7-16）。

　　建筑和假山等造园要素与借景关系更为密切，为协调内外，增进借景效果的局部设计更为常见，不再逐一举例。总之，景物借入后，还应根据景物的特性和现状条件，巧妙布局园内相关景物和空间，形成内外协调统一的借景效果，使借景景物在园内完美地呈现，才最终完成借景设计。

图7-15 颐和园"十七孔桥""南湖岛"和"廓如亭"位置经营
与借景关系

图7-16 "廓如亭"借景玉泉山、西山和万寿山

7.4 霞、雪等景象借景设计要点

　　各种实借景物具有不同的景观特性,其借景设计有
一些独特的设计技法和要点,尤其是实借中一些自身不断

运动变化的"借景附属景象"，这些景象的借景设计要点因景而异，无法逐一全部归纳，本书选取一二，仅作示例。

7.4.1　借"霞"设计要点

"霞"在《说文》中解释为"赤云气也"，因美丽动人，历来被文人骚客赞美比拟，曹植在《洛神赋》记"远而望之，皎若太阳升朝霞；迫而察之，灼若芙蕖出绿波"，《楚辞·远游》中讲"餐六气而饮沆瀣兮，漱正阳而含朝霞。保神明之清澄兮，精气入而粗秽除"，屈原更是将朝霞视为自然的精华，并与人的精气联系起来。

"霞"是一种自然现象，是指太阳光经过空气时受其中分子、微粒作用发生散射的现象。"霞"光多少与散射作用的强弱有关，空气中水汽、微尘越多霞光越明显，因此云层较多时，通常彩霞满天。霞光在早晨和傍晚时容易出现，因为那时太阳光角度低，在大气层中穿越的距离比较长，折射和散射作用也通常最强。

借霞通常选择"东西向"的观赏方向较好，可由西向东望"朝霞"，也可由东向西望"晚霞"。如圆明园内"涵虚朗鉴"（图7-17）位于福海东岸，是远眺西山晚霞的景点。乾隆曾记"结宇福海之西，左右云堤纡委，千章层青。面前巨浸空澄，一泓净碧，日月出入，云霞卷舒"[53]。霞光出现时，五彩缤纷，使很多景物染上了霞色，与霞光一起组成了美丽动人的景象。"涵虚朗鉴"是仿杭州西湖名景"雷峰夕照"（图7-18），每当夕阳西下，晚霞镀塔，似佛光普照，美丽动人。又如避暑山庄中"西岭晨霞"，其位于如意洲上，位于"水芳岩秀"以西，是一座面向西山的两层楼阁，每当朝霞在东方升起，山峰树木等都被赤霞染色，十分壮丽，康熙自记道："杰阁凌波，轩窗四出。朝霞初焕，林影错绣，西山丽景，入几案间"，并为之赋诗"雨歇更阑斗炳东，成霞聚散四方风[54]"。

图 7-17 圆明园四十景图之"涵虚朗鉴"

图 7-18 西湖十景之"雷峰夕照"（引自《西湖三十景》）

由光散射的原理可知，借"霞"应登高。霞光最美、最显著的状态是太阳刚从地平线探出的时候，或者太阳刚落下的时候，这时光线角度最低，光线在空气中穿行的距离最长，散射最多，霞光最美。登高能够消除四周视觉障碍，看到太阳刚出来或刚落下时最为显著的霞光，而且登高视野开阔，能够见到更多的霞光，因此"借霞"可设计为"登高"远眺的景点。传统园林中有不少这样的实例，香山"静宜园"有一处登高赏霞的景点"霞标蹬"（图7-19），其修建在山地之上，位于"临虚标秀"的"香岩室"前，乾隆自题"霞标蹬"为"累石为蹬，凡九曲，历十八盘而上……山势耸拔，取径以纡而得夷"，并赋诗"筑山嗤篑力，结宇喜天成。踏蹬看霞起，披林纳月行"。

图7-19   "霞标蹬"（上图及右下图，引自《故宫书画馆　第一编》；
左下图，引自网络）

如不能登高眺霞，那么利用相对开阔的水面反射，霞光也能加强其给人的视觉感受，形成强烈的视觉效果。如网师园内"彩霞池"，就立意用水面反射霞光云影，清人钱大昕在《网师园记》中评论到"地只数亩，而有纡回不尽之致；居虽近廛，而有云水相忘之乐"[25]，云水相忘的效果即利用彩霞池反射霞光云影的结果，卜复鸣指出"彩霞池亦宜晨昏朝暮，松下话古，小亭待月，或朝霞夕照，天光云影，楼台倒映，满池的波光流彩"[55]。

7.4.2　借"雪"设计要点

雪是一种极美的自然景象，高洁、静明，下雪后与其他景物共同生发的景象效果更佳，如白雪下红色羞涩的山茶、隐青的梅花、深黄的蜡梅，又如燕京八景之一的"西山晴雪"，山峰的起伏，形成了雪景的壮美，又如西湖十景之一的"断桥残雪"，雪下桥，桥上雪，不能分离。

雪景是传统园林中重要的借景景物，然而"雪"景易逝，怎样延长雪景的观赏时间就成为借"雪"的关键之一。通常太阳直晒的地方，积雪融化较快，而传统园林中一种做法是借"阴面"的"积雪"，如山峰北侧（背面）的积雪，由于阳光不能直射，加之海拔高而气温低，保留时间较长，适合借景。避暑山庄中"南山积雪"即园中赏雪佳处，《热河志》中记载"亭（南山积雪亭）在山庄正北，耸峙山巅。塞地高寒，杪秋雪下，南望诸峰，皎然寒玉"[56]，《御制避暑山庄诗》中也同样记载"山庄之南，复岭环拱。岭上积雪，经时不消，于北亭遥望，皓洁凝映，晴日朝鲜，琼瑶失素"。康熙曾为之赋诗"水心山骨依然在，不改冰霜积雪冬"[57]（图7-20）。

图7-20 承德避暑山庄"南山积雪亭"（引自《承德古建筑》）

纷纷飞雪，使景物都披上了素衣，景象统一协同，而冬季景物色彩以灰色调为主，如树干、枯草、裸露的岩石泥土，与雪形成强烈的黑白对比，仿佛一幅浓淡适宜的水墨画，大地银装素裹，因而"登高赏雪"也极为适合。明代文学家、史学家王世贞建有弇山园。该园曾被誉为"东南第一名园"。王世贞在《弇山园记》中评论该园"宜雪：登高而望，万堞千甍，与园之峰树，高下凹凸皆瑶玉，目境为醒"。

总之，各种借景景物具有不同的景观特性和变化规律，尤其是附属的借景景象，需要在日常的生活中潜心观察，把握其借景设计的一些技法要点，将其最好的效果呈现出来。

第 8 章

"虚借"设计

园林"景象系统"不仅包括现实可见的视觉景象——"实景",而且包含声音形象、气味形象等"虚景",此外还包括一些园林中并不真实存在的"虚景",这些"虚景"通过一定的外在"符号"被固化于园林中,人们游赏时受这些外在符号的刺激能产生相应的"心理景象"。这些"符号化虚景"是园林审美中重要的内容,同样是审美意象(意境)产生发展的原始素材和重要基点,因而也是园林景象系统的重要组成部分。

园林中"虚借"就是指"通过借纳视觉外其他感觉景象或符号化景象,从而构建园林景象的借景方式",即借纳"虚景"的园林借景方式。要想深入地理解园林"虚景"和"虚借",需对园林审美过程以及其中"景象"的演化发展过程进行剖析,这样才能弄清虚借的本质及作用。

8.1 "虚借"的心理学分析

园林审美归根结底是一种心理活动,由两类外界刺激物所引发,主要包含认知和情感两大要素,经历准备、初始和高潮三个阶段,紧密围绕"景象"展开。

园林审美作为人的心理活动,是由一定的外界"刺激"引发,如具体景物作用于人的眼睛,产生相应的神经冲动,传至大脑进而引发一系列高级神经活动,这些神经活动的历程表现为人的心理活动,产生相应的感觉、知觉、思维、情感等心理内容。

俄国著名生理学家、心理学家伊凡·彼特诺维奇·巴甫洛夫(Ivan Petrovich Pavlov)基于外界刺激对神经反射的研究，将人从外界环境中接受的刺激分为两大类："具体事物的刺激"和"言语刺激"，这两类刺激引发的不同神经活动历程，分别称为"第一信号系统"和"第二信号系统"[10]。如现实中真实的"葡萄"属具体事物刺激，而听到或看到葡萄这个"词语"属言语刺激，二者引发的神经活动历程分属第一信号和第二信号系统。心理学中相关实验已经证明，人的心理活动中两类信号系统之间是紧密联系的，第二信号是"第一信号的信号"[58]，两类信号系统之间能够相互转化和过渡（A. Г. 伊万诺夫 - 斯莫林斯基，1935）。这是因为"词，由于成年人过去全部生活的关系，是与那些达到大脑半球的一切外来和内起的刺激相联系着，并随时成为这些刺激的信号，随时代替这些刺激，因而也能够随时对有机体引起那些刺激所能决定的行为和反应"[59]。由于以往大量的生活经历，"词语"与相应的"具体景象"在心理过程中是紧密联系的，在园林审美中词语能够引发与具体景象类似的心理效应。这也就是为什么我们不仅能够"望梅止渴"，也能"谈梅生津"的原因。

中国传统园林综合运用了上述两类刺激物。园林中真实的景象属具体刺激，如园中看到的"山光云影"，又如听到或闻到的"鸟语花香"。除此之外园林中还包含一些景象"符号"，如"题咏"中含有很多景象的"词语"，这些符号在园林审美中也能够唤起相应的心理景象，参与到园林审美中。这两类景象在园林审美中是如何发生、发展和相互转化的？理清这个复杂的过程，需要对人的审美心理要素、过程进行简要的梳理。

8.1.1　审美认知

认知是人最基础性的心理活动，引发其他的心理活动。根据认知心理学的观点，人脑是与计算机类似的信息加工系统，人每时每刻都在从外界接受各种信息，大脑会

对这些信息进行择取，并对输入的信息进行加工处理，因
此认知心理学又被称为"信息加工心理学"。人在园林中
游赏，就是一个获取周围空间环境信息，进而对环境信息
加工并引发情感等其他心理活动的过程，如感受环境中植
物的颜色、形状、株型、高度等信息，进而对这些信息进
行加工，获得对这株植物或区域的整体认识，大部分情况
下这种认识过程进行得非常快而未明显被人察觉。Newell
和 Simon（Newell and Sinmon,1972）提出了信息加工的系
统的结构，包括人在内的信息加工系统通常是由感受器、
效应器、记忆和加工器组成的（图 8-1）。感觉器官是人
的感受器，通过这些感觉器官能够感知外界的基础信息，
如色彩、形状、质感等；加工器即依赖于人的大脑，通过
知觉、思维等心理活动完成对信息的加工，如将感受到的
单纯颜色、形状进行整体的加工，形成关于景物和景色整
体性形象；效应器即人的各种腺体和肌肉等。

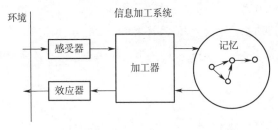

图 8-1　信息加工系统的一般结构（引自《认知心理学》）

　　人的审美认知始于感觉和知觉。在认知过程中感觉
和知觉是不同的两个阶段，感觉是对事物个别属性和特征
的认识，而知觉是对事物整体及其联系与关系的认识[29]，
如看到"红旗"，眼睛感觉到的是红色、形状、大小等单
个信息，而知觉是将这些分离的信息整合起来，获得旗子
整体的形象。人的感觉主要由视觉、听觉、嗅觉、味觉、
触觉等组成，每种感觉途径都能获得"单独的"形象性的
外界信息。知觉以感觉为基础，但不是感觉信息的简单相

加，而是将感觉信息进行建构，并根据以往经验对建立的信息结构进行解释。知觉大致分为觉察、分辨和确认几个环节，而根据 Biederman（1972）的视知觉实验和很多其他实验可以证实"人在知觉自然环境中的对象时，是以已有的关于自然环境中诸景物的知识（记忆）为依据的"[12]，由此 Bruner（1957）和 Gregory（1970）等人提出了知觉的"假设考验说"理论，认为知觉是"接受信息、形成和考验假设，再接收或搜寻信息，再考验假说，直至验证某个假说，从而对感觉刺激作出正确的解释"[12]。大部分情况下感觉和知觉过程进行得很快，人意识不到这些。

审美认知与人的记忆密切相关。记忆是人脑对外界输入的信息进行编码、储存和提取的过程[29]，记忆包括以往感知过的事物、经历过的情感等。记忆中保存着以往的各种经验信息，与其他心理活动密切相关，是知觉、思维、情感等的基础。记忆中信息存在方式有两种，根据 A.Paivio 提出的双重编码说，记忆中信息有"言语"和"表象"两个认知编码系统，言语系统以言语代码来储存言语信息，而表象系统是以表象代码来存储具体事物信息，表象系统是一个"形象"系统，如"马"在认知中可以表征为具体的马的形象，也可以表征为马的命题概念。二者紧密联系，可分别由相关刺激激活，亦可相互引发。

表象又分为记忆表象和想象表象，记忆表象是以前感知过的事物的形象在记忆中留下的痕迹，想象表象是"在记忆表象的母腹中诞生出来的"[60]，通过择取组合想象出的新的表象。随着认知心理学的进一步研究，又证实了表象是一种类似知觉的信息表征，Neisser（1972）认为，表象活动就是应用知觉时所用的某些认知过程，只不过这时没有引起知觉的（真实景物）刺激输入而已，而 Kosslyn（1980,1981）将视觉表象看成类似视知觉的人脑中的图画，或类似图画的信息表征[12]。由此认知心理学中得出了表象和知觉在心理活动中机能等价的论断，因此心理表象和知觉映象一样，在审美过程中可以具有类同的作用。如真实的竹子通过感觉通道形成的关于竹子的知觉形象，其与记忆中竹子的形象之间具有一定的类同机能。通常审美认知的结果形成的形象是知觉象和记忆表象的结合，如王甦和王圣安（1993）指出"知觉是以假设为纽带的现实刺激信息和记忆信息相结合的再造[12]"，这其中伴随着人的情感过程。因此通过外界符号唤起的记忆表象与真实景物通过感知觉产生的知觉映象在园林审美中可以产生类同的审美效应，而最终的审美"意象"实际上是二者的掺糅和升华。

感知觉中形成的对事物整体性的认识仍属于感性认识，需要借助联想和想象等思维过程才能发展至审美的高级阶段。审美联想是指"感知或回忆特定事物时连带想起其他相关事物的心理过程"，联想是对事物之间联系的反映，如看到船就会想起河。而想象则是一种创造性思维，是在"特定对象刺激、诱导下，大脑皮层将积累的众多信息、表象进行组合、加工而创造审美意象新形象的心理过程"，如看到园林中烟气袅袅的湖面和小岛，想到蓬莱仙境。审美联想和想象同样基于感知觉、记忆等心理活动及内容，是审美的高级心理活动阶段，是激发高级情感和园林意境产生的重要心理过程，如黑格尔曾指出"最杰出的艺术本领就是想象"，想象即刘勰在《文心雕龙》中提出的"神思"。

在生活中我们经常会听到某物就好像闻到了它的气味，如看见一串青葡萄，仿佛尝到了葡萄的酸味，这种心理现象在心理学中被称为"联觉"，指"诸感官感觉、知觉、感受之间的关联、沟通、转移"[27]。钱锺书先生在《旧文四篇》中将其命名为"通感[61]"。"通感"现象反映了各种感知觉通道之间可以相互沟通，互相引发，通感使

虚、实景象在审美中统一，对于我们理解"虚借"的意义
和作用极有帮助。

　　通过以上分析可知，人的认知是一个极为复杂的心
理过程，环境中视觉景象并非中国传统园林审美认知的唯
一外界来源，在审美中其他感觉通道的信息和表象都发挥
了极为重要作用，这些都与园林"虚借"密切相关。

8.1.2　审美情感

　　在认知的过程中，随着外界环境信息的输入和加工，
内心会产生对外界环境的心理态度，如惬意、喜悦、忧伤
等，这些主观的心理体验，就是人的感情。人的感情是非
常复杂的心理活动，大致可以分为"情绪"和"情感"两
类。情绪可以理解为感情发展的原始方面，是指"感情过
程，即个体需要与情境相互作用的过程"[29]，具有暂时性、
情景性和激动性等特点。而情感是指"具有稳定性的、深
刻的社会意义的感情"[29]，如对祖国、山水的热爱。情绪
和情感有所区别，又相互联系，密不可分，情感在情绪的
基础上形成，又包含情绪的内容。《礼记》中将"情"（感
情）分为：喜、怒、哀、惧、爱、恶和欲七种，即"七情"。
现代心理学则将人的感情进一步细分，20世纪70年代伊
扎德提出人的基本情绪有11种，而复合情绪则多达上百种，
人的情绪和情感大部分是复合情绪，并且很多复合情绪无
法清晰地明确。邱明正在《审美心理学》中列举了32类
160种审美情感。在审美中产生的情感可以大致分为三类：
机体情感、知觉情感和社会情感。机体情感是一种低级的
生理情感，是"外物直接刺激产生感觉和生理需要满足与
否而形成的生理快感"，如炎热夏日微风拂过时的惬意感。
知觉情感是"对事物外在特征整体性知觉以后所唤起的情
感"，如鸟语花香或蓝天碧海所激发的愉悦感。社会情感
是对象满足社会性需要而产生的具有社会内容的情感，如
对艺术品审美产生的情感。这三种情感相互渗透，相互包含，

审美中产生的情感包括这三种情感。

　　情绪的产生是由外界刺激引发，但与认知过程密切相关，并且深受记忆中以往的环境经验和情感经验的影响。彭聃龄在《普通心理学》中阐释了根据沙赫特（S. Schachter）的两因素情绪理论提出的情绪唤醒的理论模型，如图 8-2 所示，认知比较器把外界刺激与记忆中过去的经验相比较，释放化学物质和神经激活，从而唤醒情绪。这是一个以认知为核心的情绪唤醒模型，但是记忆对情绪的唤起和发展方向具有重要影响，因为记忆中有大量的记忆表象和关联的情感记忆，它们之间建立了密切的神经联系，这些更容易被外界相关刺激激活，如一个从小生活在玫瑰花园边的小孩，长大后看到玫瑰必定能引起特别的情感，这也正如俄国心理学家雅科布松在《情感心理学》中指出的那样，"以往经验对人的情感有着重要的意义"。影响情感产生变化的因素非常复杂，邱明正在《审美心理学》中提出了"OSE—E"的感情因素模型，认为决定感情"E"产生发展的主要因素有三类："O"指审美主体，"S"指审美客体，"E"指审美环境。审美主体方面因素主要包括审美需要、审美能力、审美心境等审美心理结构，这些都与个人的记忆和经验密切相关，是影响情感的内因。在园林艺术中审美环境就包含在审美客体中，审美客体也就是园林环境，是情感产生的外因。众多类型的外界刺激对园林情感的产生都具有重要的意义，园林艺术是一个融合视觉、听觉、嗅觉和触觉的多维艺术，多种感知觉刺激都能引发相应的情感。

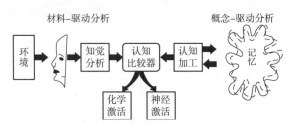

图 8-2　情绪唤醒模型（引自《普通心理学》）

8.1.3 园林审美的过程

滕守尧在李泽厚的帮助下，将审美的心理过程精炼地总结为"初始、高潮和效果延续"[11]三个阶段。邱明正在《审美心理学》中提出以"审美感觉"为始端的包含着"认识、情感和意志"的审美心理过程理论。在滕先生的"三阶段"理论的基础上，周冠生在《审美心理学》中进一步提出了以"审美认识为核心层次"的"四阶段"环形运动的理论。前人对审美过程和心理要素的总结大体上是一致的，但都是针对"创作"和"欣赏"两个环节综合阐释的，而本书主要针对园林"赏美"过程进行分析，不包含艺术创造和表达阶段的心理审美环节。因此借鉴前人的理论，结合园林艺术的特点，笔者认为可将园林欣赏的审美心理过程简要概括为"两大部分，三个阶段"（图8-3）。

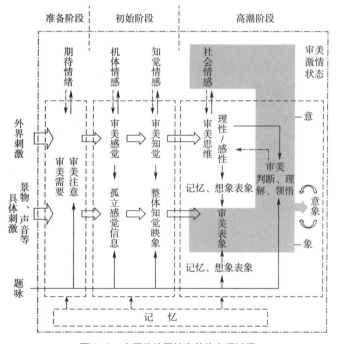

图8-3　中国传统园林审美的心理过程

如前文分析，园林审美欣赏过程主要包含"认知"和"情感"两大部分，围绕景象展开。"认知"和"情感"不是孤立的，而是互为因果、相互作用，是统一的审美心理过程中的不同内容。其中"认知"过程是选择、接收、处理、分析外界刺激信息的心理认识过程，重在对外界"信息"的加工处理，其主要包括审美注意、感觉、知觉、记忆、思维、语言等心理内容；而情感是伴随认知过程而产生的，不仅是审美认知的效应，而且是认知继续发展的动力因素，支撑、调节着园林审美认知过程。两部分中，审美心理的"核心层次是认知，它与情绪的发生有内在联系"[62]，不同阶段的认知活动引发不同深度的情感内容。

园林欣赏的审美过程大致经历了"准备""初始"和"高潮"三个阶段，有时多次反复，环形上升。审美准备阶段实现了日常功利性意识的中断，是"即将进入审美状态的预备阶段"[11]。园林"审美"基于人的"审美需要"，如"去游园赏花"的愿望，"审美需要"能够作用、引导心理"注意"由"日常事物"转向"审美对象"，从而触发审美的开始。当然有时这种审美的需要不被我们觉察，位于"潜意识"，在不经意间受到外界审美对象的刺激时，便能使"注意"转移到"审美对象"上去，如走路时不经意间看到墙头一枝怒放的"凌霄"，我们会为之心头一动，驻足观赏，审美就开始了。审美需要及审美注意是审美准备阶段核心的心理要素，在其作用下开始了审美的认知过程。这个阶段主要弥漫一种审美的"期待情绪"。

"初始阶段"是对外界审美信息的"感知"阶段。先通过感觉、听觉等多种"感觉"通道，获得如颜色、声音等孤立的景物信息，再通过"知觉"的心理过程对孤立的色彩、声音等信息进行"选择"和"拼合"，形成景物的整体形象。感觉过程中引发的是"机体情感（情绪）"，即"外物直接刺激产生感觉和生理需要满足与否而形成的生理快感"[27]，如单纯的和谐色彩所唤起的惬意感。而在"知觉"阶段能够引发相应"知觉情感"，是"对事物外在特征整体性知觉以后所唤起的情感[27]"，如风和日丽、鸟语花香的整体景象所引发的愉悦感。机体情感是生理性的情感，而知觉情感虽然没有渗透进丰富的社会性内容，但已经融入了以往的情感经验，是向社会情感转化的过渡阶段。

在获得了对外界审美信息的整体认知基础之上，便进入以"思维"为主的审美"高潮阶段"。借助联想、想象等形象思维产生更为丰富的审美表象，引发更加丰富的情感，同时在理性思维的基础上产生了审美判断、理解等，这个过程中审美表象、情感和理性判断、理解等因素相互激发、交融，升华为审美意象。再经多次反复，生发出更为丰富的多重意象，激发出更为强烈的情感的思想，情和景互相共鸣，意和象相互交融，联类不穷，进入"意境（意象）"的审美状态，达到"审美激情"的情绪状态，即园林欣赏审美的最高层次。在园林审美的高潮阶段能够引发出更为高级的"社会情感"，其是在理性认识的基础上融入了大量的道德感、理智感等社会性内容，同时保留、包含着机体情感和知觉情感[63]。

8.1.4 中国传统园林审美中"象"的起源与演化

园林审美主要是形象思维活动，是始终伴随着、并依凭着"形象"而展开的心理活动[27]。由前文的分析可知，景象是园林审美的核心，审美意象的生发经历了复杂的过程，由多种来源的景象或形象杂糅在一起而成。在园林审美中，经过感觉和知觉过程，形成的对具体事物形象信息刺激直观的反映形成了"知觉映象"，进而形成"审美表象"。审美表象是"感性事物外部审美特性作用于感官而在头脑中形成的具体而完整的映象"[27],审美表象与知觉映象不同,其"虽然是在感觉、知觉基础上产生发展的,但它已经一定程度地融入了联想、想象、理智、情感,已经成了积淀着理性的感性"[27]。审美表象是介于知觉映象和审美意象之间的"过渡象",相比知觉映象掺入了记忆表象、想象表象等成分,也融入了一些情感和理智的成分,但相比审美意象则还未与情感、理智等内容实现深刻的共鸣和互发。审美表象进一步发展,便生发为审美意象。审美意象是"经过主体的加工改造,掺入了主体的思想、情感、意志,成了具有创造性的心象"[27]。这是中国传统园林欣赏中"象"演化的主要过程。这一过程不断反复,螺旋上升,是园林审美中"象"发展的主线。

此外,前文也已经分析,审美中第二信号可以向第一信号转化,景象的符号也可以在内心唤起记忆中景象(记忆表象),而这些表象在审美中具有与知觉象类同的审美效应,中国传统园林中存在着这类景象符号。因此,传统园林审美中"象"的演化还存在着另外一支过程:景象符号——记忆表象——审美表象——审美意象。这一过程与由上述"具体物象"引发的过程相辅相成,最终融合发展,是园林审美中"象"演化的辅线。

由此,传统园林审美中"象"的演化的起源可以概括为一脉两支,即由"具体景象"引发的"知觉映象",由"景象符号"唤起的"记忆表象",二者再经过联想、想象等形象思维过程,焕发出更为丰富的记忆表象和想象表象,它们相互掺融产生审美表象,进而与情感等心理要素深入地结合、共鸣,生发出审美意象。传统园林审美中"象"的外界来源有两类:"具体景象"和"景象符号",两类景象组成了传统园林的"景象系统"。

8.1.5 "虚借"的本质和作用

根据前文分析,我们可以得知园林审美的心理过程极为复杂，并非只有具体景物的视觉刺激引发了情感，景象也并非只指视觉形象，还包括声音、气味等，另外，第二信号系统也可引发相应的表象参与园林审美。

"虚借"属借景的一种，与"实借"相对应，其主要通过借纳所处环境中"视觉外其他感觉景象"的方式为传统园林构建景象，这类虚景属第一信号刺激物；此外还通过景象符号的方式为园林借纳了心理"虚景"，其外在刺激物属第二信号刺激物，在审美中通过第二信号向第一信号的转化，唤起相应记忆表象参与审美，如苏州艺圃中有一小亭名"鹤砦"，"砦"同"寨"，一看到这个景名，就会在心中泛起"鹤"和"寨"的景象，这种景象未在园林中建造出来，而是巧妙地虚借而来。第二类"虚借"的主体是"园林"，指园林借纳了"虚景"，将一定的"虚景"符号化于园林当中，使其成为园林景象的一部分，如园林题刻中的景象。

"虚借"丰富了传统园林的"虚景"，在园林审美中具有独特的作用。虚借景象增添了视觉外其他感觉刺激，对于形成多维的审美意象十分重要，也利于"通感"的产生，试想缺少声音的园林就像一部无声电影，而缺少气味、温度和触感的园林更像是一幅风景照片，乏味不少。景象符号的虚借，能够极大地丰富园林景象，呼应补充现实景象，同时能够引导联想和想象等形象思维，从而对审美方向起到一定的引导作用，利于园林立意的表达。

8.2 "虚借"的途径和设计要点

传统园林中"虚借"主要有"借纳视觉外其他感觉象"和"符号化象"两种途径，而这两种途径中采用的最主要方式分别为"听觉上的虚借"（即声借）和"利用语词符号固化（虚借）园林景象"，其他方式本书不再讨论。

8.2.1　声借

在人类获得的外界信息中，接近 80% 来自视觉 [29]，而除去视觉外，最重要的信息来源就是听觉。声音是一种形象的景观，"声景（soundscape）"的概念最早由加拿大音乐家 R. Murray Shafer 在 20 世纪 60 年代末提出 [64]，之后引发了广泛的研究，尤其在建筑、心理等方面。园林所处的环境中大量原有的、他属的美妙声音可以被借纳入园，构成园林中优美灵动的声景。

声音相比光线传播距离短，因此声源通常位于园内部及周边。园林边界周围如果有美妙的声源，可就近设立景点"声借"之。如计成在《园冶》中举例"萧寺可以卜邻，梵音到耳"，前文也已分析，传统社会中随着佛教的盛行，寺庙极多，分布极广，"佛教的传入在客观上促进了我国钟鼓文化的发展" [65]，钟在佛教中称"梵钟"，既是佛教里的乐器、报时器，又是极为重要的法器，鼓也是佛教重要乐器计时器和发令器，寺庙中日常重要时刻、活动都需要钟鼓的参与，因此"左钟右鼓"是一般寺庙的定制，每日"晨钟暮鼓"，声声入耳，悠扬浑厚。寺观除钟鼓声外，每日僧人诵经之声，也是声借的梵音之一，飘入园内，使人顿入禅境。北京香山"静宜园"内有景点"隔云钟"，位于芙蓉坪北，乾隆为之赋诗"不问高低寺，钟声处处同。耳根初净后，禅悦小参中。" [66] 乾隆自己解释到"园内外幢刹交望，铃铎梵呗之声相闻。近者卧佛、法海、弘教，远者华严、慈恩，觉生最远，钟最大，即永乐中铸华严经其上者。每静夜未阑，晓星欲上，云扃尚掩，霜籁先流，忽断忽续，如应如和，致足警听" [66]，正如乾隆描绘的，当时北京西郊寺庙林立，铃铎、钟鼓、梵音萦绕，忽断忽续，声借入园，并且梵音能够净化心境。另如，玉泉山静明园的"云外钟声"景点（图 8-4）等也是声借梵音的范例。

图 8-4　静明园"玉峰塔"和"云外钟声"（引自《静明园述往》）

　　传统园林将一些自然元素运动产生的美妙声音也虚借入园。园林中虚借雨声的景点很多，如我们熟知的"听雨轩""留听阁"等景点。另外，雪声也可被声借入园，雪虽然轻柔，但并非悄然无声，尤其当大雪、快雪落下，四周非常安静时，能够听到"沙沙"的雪声，雪声衬托出四周寂静，颇具意境，如静宜园中的"听雪轩"即听雪、赏雪、听泉的一处景点，乾隆曾作诗"仲春听雪轩，雪声信在天。清和听雪轩，雪声乃在泉。"[66] 风声也是园林虚借的声景，计成在《园冶》中论述可借"溶溶月色，瑟瑟风声"，风声通常都是在前进过程中遇到障碍物而产生，如植物、建筑和地形等，避暑山庄内"万壑松风"和"听松风处"都是听风声、松涛的地方，乾隆也曾作诗记录静宜园中的"风"景："山中易作风，云散风随至。万窍本怒号，千林更助势。"[66]

　　人的日常活动中产生的一些声音也可被巧妙地虚借入园。如位于苏州古城东北小新桥巷的"耦园"，原名"涉园"，其周边临多水，据程亦增《涉园记》记载"跨虹而南，三面皆临流"[36]，因此在园内东南角建"听橹楼"（图8-5），利用临河的条件，声借水上来往船只发出的"橹声"，"小楼与外内成河仅一墙之隔，船舫来往不断，橹声频频传来"[67]。试想明月当空，万籁俱寂，园外"吱呀吱呀"橹声传入楼内，正如陆游诗中描写的"参差邻舫一时发，卧听满江柔橹声"。一些动物发出的声音也是充实园景的好材料，仅计成《园冶》中就列举了很多实例：

紫气青霞，鹤声送来枕上。

隔林鸠唤雨，断岸马嘶风。

林阴初出莺歌，山曲忽闻樵唱。

梧叶忽惊秋落，虫草鸣幽。

风鸦几树夕阳，寒雁数声残月。

……

图8-5　苏州耦园园外河道及"听橹楼"（吴怀玉 摄）

综上，园林中虚借而来的声景丰富异常，"借声"是园林虚借的主要方法之一。在声借的具体设计中，最重要的是发现"声源"，这需要设计师重视对声景的寻找，同时也需要欣赏者在一个极为平静的心境下花时间和耐心去体验。有些声音只在特定的时间才能感受得到，但是极为精妙。此外，大部分声景的营造需要安静的环境，应该尽量排除嘈杂的噪声干扰，与热闹的景点隔离开，除了噪声的干扰外，也应该控制其他感觉刺激的程度，保证环境中声景的主体定位，因为其他过强的刺激极易将人的注意力从声音中转移开来，如在一个五颜六色、香气四溢的环境中，人们极易忽视了蛐蛐的叫声、风声、流水声，因此应该营造一个氛围恰当、较为纯净的"赏声"空间。

8.2.2　语词固化景象

传统园林另一种虚借的方式是借用一定的符号，将景象固化于园林之中，参与园林的审美。语言是人进行信息交流最主要的符号系统，语词是这种符号系统的基本单元，因此通过语词的形式符号化、固化心理景象是较为直接的方法，传统园林中应用很多。园林中这种虚借方法的具体形式就是园名、题刻和楹联等，其中含有大量景象词语。如苏州"鹤园"，看到"鹤"字就能在心中引发"鹤"的形象，"鹤"字将"鹤"这种景物虚借、符号化为园林景象的一部分。关于景象的"语词"是这种景象的外在形式、符号，其中描述的景象也是传统园林景象的一部分，与园林"实景"一同参与园林审美。

题刻、楹联等是在传统园林发展到一定阶段才出现在园林之中，秦汉时期普遍存在为建筑标名的"横匾"，唐宋时用于园林建筑，而楹联出现更晚。据国内学者考证，对联产生于唐代，到北宋时得到推广。宋元时代园林中有对联，尚无楹联，楹联约至清代才盛行起来[1]。然而语词固化景象的虚借方法却极为重要，前文已分析其不仅可以丰富园林的景象，而且可引导园林审美的方向。张家骥先生指出"园林的匾额是构成园林景境的一部分，从形式不仅起建筑的装饰作用，而且有空间构图和空间流动的标志的功能，其内容更有韵景点境的意义"[41]。题刻楹联中一些表达情感和事件的词语能够引导相应情感和回忆的产生，这样引导下的园林虚实景象系统对园林立意的表达更为明确、更为充分。

　　语词固化景象方式的虚借，其生成阶段与其他借景方法存在较大的差异性，这是由方法本身的性质决定的。实借设计和声借设计在园林设计之初都已介入，而"语词固化景象"的虚借不少开始于园林建成之后，是在园林实体基础上对园林景象的再丰富、再创造的过程。如《红楼梦》第十七回"大观园试才题对额"中记述了"大观园"建好后，贾政邀请众人为园内景点题名做对的经过，众人在现场赏景评景，并将由现实景象构思产生的心中景象用题刻楹联的方式表达出来。

　　语词虚借设计要深刻地体会园林实景，要依据园林造景、实借和其他虚借的景象，在此基础上进行景象的构思创作，这是因为其新增的景象要与物质景象相合，不能相离，其引发的环境氛围应与园林造景、实借景象氛围相一致，否则不仅无益于形成的整体景象表达园林立意，反而会扰乱审美意境。这一点可用元代白朴和马致远所作的两首类似的小令来说明：

　　孤村落日残霞，轻烟老树寒鸦，一点飞鸿影下。青山绿水，白草红叶黄花。

——白朴《天净沙·秋》

　　枯藤老树昏鸦，小桥流水人家，古道西风瘦马。夕阳西下，断肠人在天涯。

——马致远《天净沙·秋思》

　　两首小令都是写"秋"，都蕴含意境，但是后人普遍推崇马致远所作这首，因其意境更为深远，被誉为"秋思之祖"[68]。白朴所作差在哪里呢？差在全诗景象存在一定的冲突，前一句中"孤村""落日""残霞""寒鸦"等景象悲怆、荒凉，但是后半句景象"青山""绿水""百草""红叶""黄花"的景象，五彩纷呈、热烈愉悦，一改前半句中意象氛围，虽有变化之趣，但是前后主次不分，冲突感强。反观马致远所作，前后景象氛围一致，氛围主题明确深刻，自然更上一格。园林中语词虚借也同样，试想一个"极静"的物质环境配一幅"极闹"景象的楹联，实在是不能协调，因此应反复体会现有景象，使通过语词符号新增的园林景象，与物质景象保持一致，基于现有景象主题构思"添景"。

语词虚借的创作依赖于创作主体的艺术修养和表达能力。语词虚借是一种基于客观的主观创造，必须先构思酝酿于设计者的心中，然后才能利用语词固化下来，其中对客观的真切把握，意象的构思和择取、意境的高下很大程度上都依赖于创作者的美学经验和表达能力，如宗白华先生所言"这种微妙境界的实现，端赖艺术家平素的精神涵养，天机的培植，在活泼泼的心灵飞跃而又凝神寂照的体验中突然地成就"[69]。

第 9 章

结语与反思

"天人合一"是中国传统文化的基本思想之一，"天"可理解为"自然"，"人"可理解为"人类"或"人工"，怎样才能将人工之"园林"融入"自然"之整体中，实现"天人合一"，借景是重要的方法之一。借景将园林建造的景象与其所处的环境建立起了紧密的联系，使园林成为整体环境中的有机组成部分，与周围自然环境融为一体，这也正是计成、李渔推崇借景的原因。

　　借景虽是一种朴素的手法，但在中国传统园林中，其绝不只是简单地将景象借入园内，而是有着更为丰富的内涵，发挥着极为重要的作用，对园内产生了深刻的影响。"借景"是传统园林景象建构的方式之一，与"造景"的方式相对应，借景是直接收纳原本存在的（非建园活动建造的）优美景象的园林景象构建方式。而造景是指在建园活动中于园内直接建造或改造出一定景象的园林景象构建方式。借景和造景两种方式共同建构了传统园林的"景象系统"，由其承载表达园林的主题"情感"。传统园林中"借景"与"造景"是对立统一的，对立于得景的方式不同，统一于同一个"意象"的景象系统。

　　从传统园林整体来看，借景相比造景的方式具有"得景的高效性""生发意象意境的优越性"和"相对造景的先在性"的特点。借景构建的景象"自成天然之趣、不烦人事之功"，借景景象更丰富、更具新异性和运动变化性，景象与以往生活经验和记忆关系更为密切，审美认知中障碍较少，更容易引发审美注意，从而更能引发内心的情感，更容易意境的生发；但其相比造景也存在着"对借景资源的依赖性"和"景象的不可控性"等特点。但总体上，在园林景象的建构中，借景相比造景更具逻辑上的优势。

按照所借景象的类型不同，借景可分为"实借"和"虚借"两类。实借是指借纳现实中视觉景象构建园景的借景方式；而虚借是指借纳视觉外其他感觉景象或符号化一定景象从而构建园景的借景方式。符号化虚借是创作过程中将心理景象符号化、物化、固化的过程，在审美过程中审美主体受这些符号的刺激唤起的是记忆中的表象，这些表象参与了审美过程，发挥了与视觉所见真实景象类同的作用，并且二者相互补充，相互促进。

借景设计是园林设计的子项，但更有针对性，是针对借景需求、围绕借景目标展开的园林专项设计，是指"预先制定'直接收纳原本存在（非建园活动建造）的优美景象为园林景象'的计划活动"。借景设计的目标是"完美、协调"地纳入并呈现借景景象，"借入"仅是设计的初步目标，景象在园内"完美呈现"才是借景设计的最终目标。借景设计的对象不只是借景景物，除了对借景景象的择取外，借景设计的直接对象是与借景相关的园内空间和造园要素，正是对园内相关空间和要素的巧妙设计从而实现了借景。借景设计应遵循重视选址、整体设计、因地因时、充分借景、虚实结合的原则展开。借景设计包括择景设计、借入设计和呈现设计三个方面。借景设计应与园林整体设计过程保持同步和衔接，总体上应按照借景选址、借景资料收集与分析、借景立意构思、借景策略确定和借景方案深化的过程开展，各个阶段针对借景设计，各有侧重，紧密联系。

"实借"设计的主要内容有择景设计、借入设计和呈现设计。择景设计不仅要选择确定借景个体景象，还要确定景象适合的借入部分，有时还会将景象个体进行组合，形成主题鲜明的整体借景景象。"择景"以"触情"为标准，"因地因时"地展开，选择用地中典型的、四时中优美新异的景物。借入设计主要解决实现景物于园内的"可见"，具体要实现视觉中"竖直"和"水平"两个维度的"可见"。借入设计的关键是借景视廊的设计，借助图示分析和相应的计算，最终能够确定借景视廊的关键因素。"呈现设计"是解决景物借入后于园内完美呈现的问题，需要协调整合园内相关景物和空间，在立意、景观结构、空间设置、尺度比例，以及造园要素细部设计等方面对借景呈现的效果进行相关设计，实现借景景物的完美呈现。"呈现设计"对借景效果影响极大，是实借设计中极为重要的设计内容。

传统园林中"虚借"主要有"借纳视觉外其他感觉景象"和"符号化景象"两种途径，其中最主要的方式分别是"声借"和"语词固化景象"两种方式。声借设计中关键是体验发现美妙的"声源"，并创造一个氛围恰当、纯净的赏景环境，隔离噪声的干扰，控制其他感觉的审美刺激程度，才能凸显所借"声景"的精妙。"语词虚借"依赖创作主体深厚的艺术修养和表达能力。虚借设计要与园林实景紧密结合，共同组成统一的景象系统。

"善借"是东方智慧的闪光点，极为重视借景是我国传统园林相比西方古典园林的特点之一。然而可惜的是，当代园林建设中"借景"虽常被提起，但未被充分地践行，其根源是没有充分地认识到借景的价值和作用，也没有系统地认知园林借景的相关理论。因此，在当代园林和城市建设中应该加深对借景的理解，更加重视"借景"的构景方式，充分保护重要的景观资源，并依托其构建园林及城市的景观体系。正如郑元勋所总结"（园）全以人力胜，未有可成趣者。其妙在借景而不在造景。若登高临深，倚柯憩荫，无一骋怀，而局于亭前之叠木，台榭之花竹，犹鱼游沼中，嘬藻荇以为乐尔"。

参考文献

[1] 张家骥. 中国造园论 [M]. 太原：山西人民出版社，2003.

[2] 何二元. 为"言象意"立论 [J]. 文艺评论，1991（6）：22–25.

[3] 许晓明，赵海月. 风景园林"立意"内涵、表达方式及审美中达意标准的探析 [J]. 中国园林，2019，35（9）：135–139.

[4] 王涧，李进. 刘勰康德意象论之比较 [J]. 湖北大学学报（哲学社会科学版），1998（1）：48–50.

[5] 李进超. 王充与刘勰意象论之关系 [J]. 社会科学战线，2009（9）：245–248.

[6] 叶郎. 现代美学体系 [M]. 北京：北京大学出版社，2002.

[7] 朱志荣. 论意象和意境的关系 [J]. 社会科学战线，2016（10）：128–134.

[8] 蒲震元. 中国艺术意境论 [M]. 北京：北京大学出版社，1995.

[9] 列夫·托尔斯泰. 列夫·托尔斯泰论创作 [M]. 桂林：漓江出版社，1982.

[10] 中国科学院心理研究室. 巴甫洛夫关于两种信号系统的学说 [M]. 北京：中国科学院，1952.

[11] 滕守尧. 审美心理描述 [M]. 成都：四川人民出版社，1998.

[12] 王甦，汪圣安. 认知心理学 [M]. 北京：北京大学出版社，1993.

[13] 杨鸿勋. 论中国园林借景——园林与所在环境的景观联系 [C]. 2004.

[14] 李格非，范成大. 洛阳名园记 桂海虞衡志 [M]. 北京：文学古籍刊行社，1955.

[15] 郑元勋. 媚幽阁文娱 [M]. 上海：上海杂志公司，1936.

[16] 李渔. 闲情偶寄 [M]. 重庆：重庆出版社，2008.

[17] 童寯. 江南园林志 [M]. 北京：中国建筑工业出版社，2000.

[18] 刘敦桢. 苏州古典园林 [M]. 北京：中国建筑工业出版社，1979.

[19] 陈植. 园冶注释 [M]. 北京：中国建筑工业出版社，1988.

[20]　陈从周.园林清议 [M].南京：江苏文艺出版社，2005.

[21]　孟兆祯.借景浅论 [J].中国园林，2012，28（12）：19-29.

[22]　杨廷宝，戴念慈.中国大百科全书（建筑·园林·城市规划卷）[M].北京，上海：中国大百科全书出版社，1988.

[23]　中国人民大学哲学院逻辑学教研室.逻辑学 [M].北京：中国人民大学出版社，2008.

[24]　姜全吉.逻辑学 [M].北京：高等教育出版社，1988.

[25]　王稼句.苏州园林历代文钞 [M].上海：上海三联书店，2008.

[26]　雅科布松 п м.情感心理学 [M].哈尔滨：黑龙江人民出版社，1997.

[27]　邱明正.审美心理学 [M].上海：复旦大学出版社，1993.

[28]　侯幼彬.中国建筑美学 [M].北京：中国建筑工业出版社，2009.

[29]　彭聃龄.普通心理学 [M].北京：北京师范大学出版社，2004.

[30]　孙正韦.哲学通论 [M].沈阳：辽宁人民出版社，1998.

[31]　陈志华.外国造园艺术 [M].郑州：河南科学技术出版社，2001.

[32]　相秉军，顾卫东.苏州古城传统街巷及整体空间形态分析 [J].现代城市研究，2003（3）:26-27.

[33]　徐文涛.苏州古塔 [M].上海：上海文化出版社，1998.

[34]　陈从周，罗哲文.苏州古典园林 [M].苏州：古吴轩出版社，1996.

[35]　梅静.明清苏州园林基址规模变化及其与城市变迁之关系研究 [D].北京：清华大学，2009.

[36]　魏嘉瓒.苏州古典园林史 [M].上海：上海三联书店，2005.

[37]　陈泳.近现代苏州城市形态演化研究 [J].城市规划汇刊，2003（6）:62-71.

[38]　史建华.苏州古城的保护与更新 [M].南京：东南大学出版社，2003.

[39]　柳贯中.设计方法论 [M].北京：高等教育出版社，2011.

[40]　姜椿芳.简明不列颠百科全书 [M].北京：中国大百科全书出版社，1986.

[41]　张家骥.园冶全释 [M].太原：山西古籍出版社，1993.

[42]　古风 . 意境探微 [M]. 南昌：百花洲文艺出版社，2001.

[43]　郑建启，李翔 . 设计方法学 [M]. 北京：清华大学出版社，
　　　2012.

[44]　孟兆祯 . 园衍 [M]. 北京：中国建筑工业出版社，2012.

[45]　张羽新 . 避暑山庄的造园艺术 [M]. 北京：文物出版社，
　　　1991.

[46]　陈植，张公驰 . 中国历代名园记选注 [M]. 合肥：安徽科学技
　　　术出版社，1983.

[47]　李玉海 . 战略 [M]. 北京：清华大学出版社，2008.

[48]　黎志涛 . 建筑设计方法 [M]. 北京：中国建筑工业出版社，
　　　2010.

[49]　李斗 . 扬州画舫录 [M]. 扬州：广陵古籍刻印社，1984.

[50]　彭一刚 . 建筑空间组合论 [M]. 北京：中国建筑工业出版社，
　　　2008.

[51]　程大锦 . 建筑：形式、空间和秩序 [M]. 刘丛红译 . 天津：
　　　天津大学出版社，2005.

[52]　清华大学建筑学院 . 颐和园 [M]. 北京：中国建筑工业出版
　　　社，2000.

[53]　中国圆明园学会 . 圆明园　第四集 [M]. 北京：中国建筑工
　　　业出版社，1986.

[54]　避暑山庄 . 康熙三十六景定景诗之十一：西岭晨霞 [EB/
　　　OL]. http://blog.sina.com.cn/s/blog_6795bff20100t3rp.html.

[55]　卜复鸣 . 精品点击 苏州古典园林系列 网师园 "彩霞池" [J].
　　　园林，2007（7）.

[56]　沈云龙 . 热河志 [M]. 台北：文海出版社，1966.

[57]　承德避暑山庄管理处编 . 避暑山庄风景诗选 [Z]. 1979.

[58]　马欣尼科 . 巴甫洛夫关于两种信号系统的学说 [M]. 北京：
　　　科学出版社，1956.

[59]　巴甫洛夫 . 巴甫洛夫全集 [M]. 赵璧如，吴生林译 . 北京：人民
　　　卫生出版社，1958.

[60]　陈波 . 论记忆表象和想象表象 [J]. 社会科学家，1989（6）：
　　　36–38.

[61]　钱锺书 . 旧文四篇 [M]. 上海：上海古籍出版社，1979.

[62]　周冠生 . 审美心理学 [M]. 上海：上海文艺出版社，2005.

[63]　许晓明，刘志成 . 中国传统园林中 "题咏" 参与审美的机

制探析 [J]. 中国园林，2016（2）：78-82.

[64]　秦佑国 . 声景学的范畴 [J]. 建筑学报，2005（1）：45-46.

[65]　左犀 . 北京的钟鼓楼与钟鼓文化 [J]. 北京: 观察，2010(12)：
　　　62-64.

[66]　香山公园管理处 . 清·乾隆皇帝咏静宜园御制诗 [M]. 北京：
　　　中国工人出版社，2008.

[67]　曹林娣 . 苏州园林匾额楹联鉴赏 [M]. 北京：华夏出版社，
　　　1991.

[68]　范守纲，陶本一 . 语文 [M]. 上海：上海教育出版社，2010.

[69]　宗白华 . 美学散步 [M]. 上海：上海人民出版社，2005.

后记

　　中国传统园林是我国传统艺术的瑰宝之一，我们应该倍加珍视传统园林，不断地继承和发展，强化当代我国风景园林的本土性，这些是笔者选择传统园林借景理论开展研究的初衷。本书的内容主要基于博士阶段的研究，同时结合近年的一些相关研究和思考进行了修订。

　　本书的成稿，要感谢恩师朱建宁教授对研究的帮助，朱老师不仅抽出了大量时间指导研究的开展，而且对其中不足之处提出了很多宝贵的建议。此外要感谢单位领导和同事对我研究的帮助，还要特别感谢家人对我研究工作的全力支持。最后要由衷的感谢中国建筑工业出版社张明编辑为本书出版付出的辛苦工作。

　　书中内容力图从新的视角对传统园林借景进行一些探究，部分内容仍需开展广泛的探讨和补充研究，有些观点和内容难免存在不足之处，恳请各位同仁和读者批评指正。